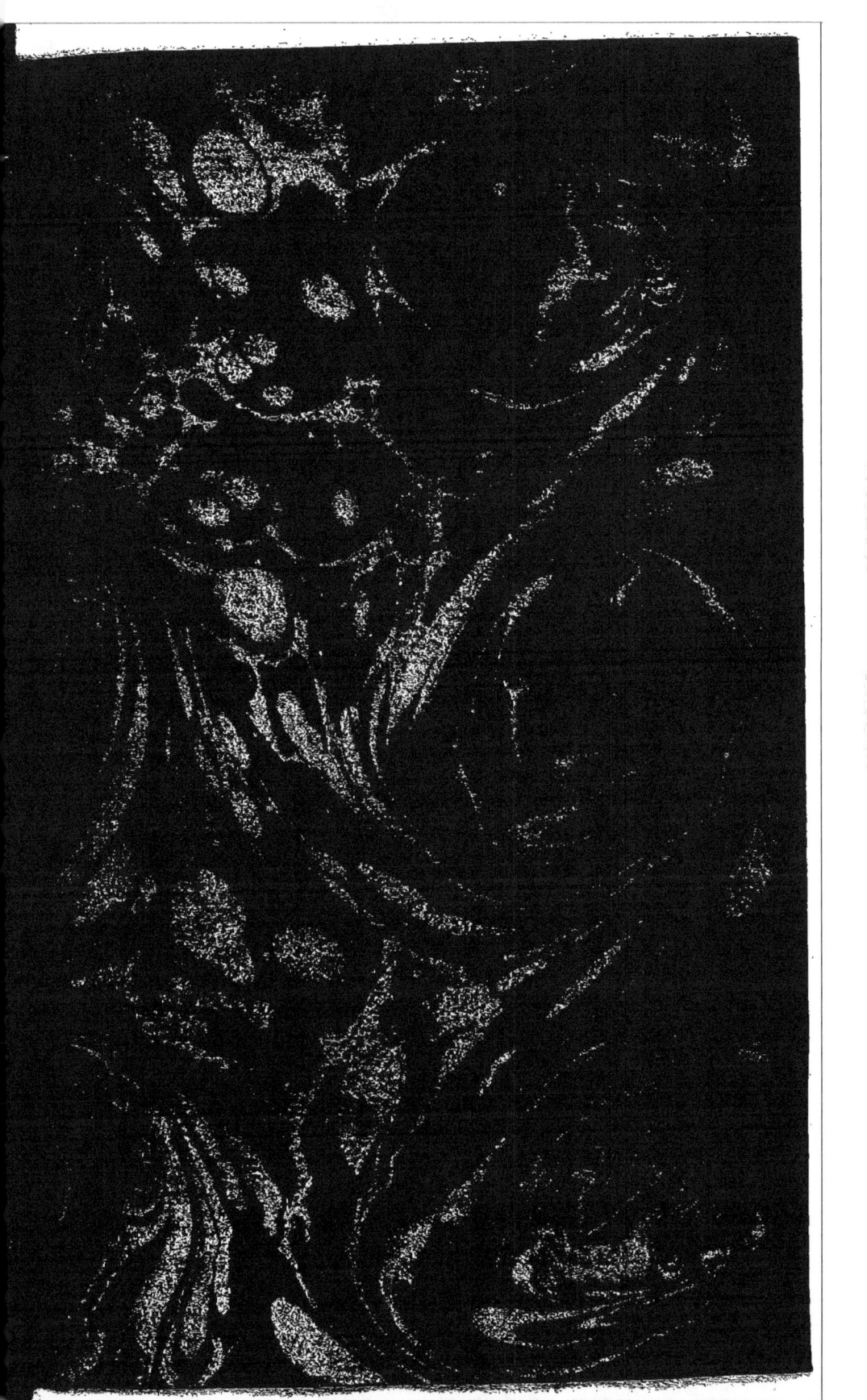

HISTOIRE

NATURELLE

DE LA PROVINCE

DE LANGUEDOC,

PARTIE MINÉRALOGIQUE
ET GÉOPONIQUE.

Publié par Ordre de Noſſeigneurs des États
de cette Province.

PAR M. DE GENSSANE,

Membre de la Société Royale des Sciences de Montpellier, Correſpondant de l'Académie Royale des
Sciences de Paris, & Commiſſaire Député par Noſ-
dits Seigneurs, pour la viſite générale des Mines &
autres ſubſtances terreſtres de la même Province.

TOME SECOND,

Comprenant les Diocèſes de Narbonne, S. Pons,
Lodève & le Gévaudan. Le tout précédé d'un
Diſcours ſur l'Hiſtoire du Règne Minéral.

A MONTPELLIER,

Chez RIGAUD, PONS, & Compagnie, Libraires,
Rue de l'Aiguillerie.

M. DCC. LXXVI.

TABLE
ALPHABETIQUE
DES MATIERES

Contenues dans ce deuxième Volume.

Fin de la Table.

ERRATA.

Page 7. *ligne dernière,* Jufte Liple, *lifez* Jufte Lipfe,
Pag. 11. *lig.* 23, vitrifiales, *lifez* vitrifiables.
Pag. 24. *lig.* 26, entai, *lifez* luttai.
Pag. 67. *lig.* 16, du corps C, *ajoutez* (fig. 3.)
Pag. 71. *lig.* 21, dans des diftances imperceptibles,
lifez dans des tems imperceptibles.
Pag. 73. *lig.* 8, l'élève, *lifez* s'élève.
Pag. 94. *lig.* 10. la maffe C, *lifez* la maffe Z.
Pag. 97. *lig.* 16, confufion, *lifez* fufion.
Pag. 103. *lig.* 15, connue, *lifez* inconnue.
Pag. 104. *lig.* 6, refutera, *lifez* réfultera.

Pag. 105. *lig.* 10 , plus confidérable , *lifez* un peu confidérable.

Pag. 108. *lig.* 13 , fintèfe , *lifez finter.*

Pag. 115. *lig.* 17 , la forme des forces , *lifez* la fomme des forces.

Pag. 120. *lig.* 14 , fe pénétreront, *lifez* fe préfenteront.

Pag. 127. *lig.* 26. grès tendu , *lifez* grès tendre.

Pag. 133. *lig.* 5. animacules , *lifez* animalcules.

Pag 152. *lig.* 2. que fables , *lifez* que les fables.

Pag. 154. *lig.* 12. il , *lifez* s'il.

Pag. 161. *lig.* 27 , San Gionan , *lifez* San-Jouan.

Pag. 178. *lig.* 25. inutiles , *lifez* incultes.

Pag. 180. *lig.* 7. parraque , *lifez* , baraque.

Fag. 183. *lig.* 1. graffe , *lifez* grace.

Pag 184 *lig.* 23 , *glacies maria* , lifez *mariæ.*

Pag. 194. *lig.* 25. Bazés , *lifez* Razés. *Idem lig.* 28.

Pag. 197. *lig.* 5 , Bazés , *lifez* Razés.

Pag. 199. *lig.* 16. Citon , *lifez* Citou. *Idem lig.* 20.

Pag. 206. *lig.* 4. morceaux , *lifez* monceaux.

Pag. 213. *lig.* 7 , Riots , *lifez* Riols.

Pag. 214. *lig.* 18. Mont Cafoux , *lifez* Mont Caroux.

Pag. 218. *lig.* 15 , navaule , *lifez* navacele.

Fag. 225. *lig.* 3. allene , *lifez* alenc.

Pag. 239. *lig.* 19. fpates , *lifez* fpaths.

———— *lig.* 22. allene , *lifez* alenc.

Pag. 240. *lig.* 3 , allene , *lifez* alenc.

Pag. 255. *lig.* 1 , Ruffan , *lifez* Buffan.

———— *lig.* 2 , répondu , *lifez* répandu.

Pag. 259. *lig.* 19 , Chafferades , *lifez* Chafferadés.

———— *lig.* 23 , allene , *lifez* alenc.

Na. *Nos tournées ne nous ayant pas permis de corriger nous-mêmes les épreuves de cet Ouvrage, Nous fupplions le Lecteur de nous pardonner cet Errata, qu'il aura la bonté de corriger*

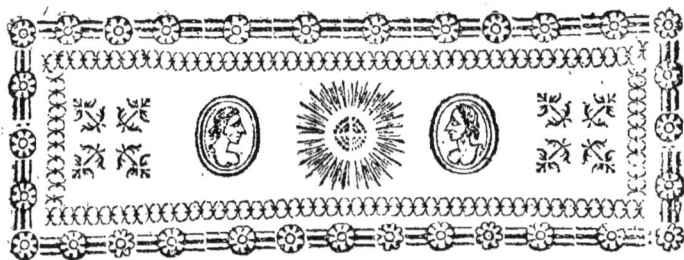

DISCOURS

PRÉLIMINAIRE

Sur l'Histoire du Règne Minéral.

CE Discours auroit dû être placé à
la tête du premier volume de cet Ouvrage & précéder celui que nous y avons
mis ; mais des vues d'utilité ont dû l'em-
porter sur celles de la convenance. Les
Seigneurs des Etats du Languedoc, toujours occupés du bien-être des peuples
confiés à leur administration, en nous
ordonnant de rendre publics les résultats
des tournées dont ils nous ont chargé,
avoient particulièrement en vue les Charbons de Terre, très-communs dans cette
Province, afin d'en substituer l'usage à
celui du bois, dont la rareté & la cherté
ne s'y font que trop sentir. Nous ne

Tome II. A

pouvions que nous conformer à des ordres & à des vues auffi fages, en com-
mençant par faire connoître ce foffile &
détailler les moyens de l'exploiter avec
économie : c'eft ce que nous avons tâché
d'exécuter de notre mieux, en refervant
pour ce fecond volume l'Hiftoire du Règne Minéral, qui fait une feconde partie
de notre tâche.

Depuis que la Phyfique expérimentale
nous a fait appercevoir le foible des préjugés de l'ancienne école, on a fenti
toute la néceffité de s'appliquer à la plus
précieufe des études, celle de l'Hiftoire
Naturelle. Les expériences phyfiques
nous ont appris combien il importe à
l'humanité de connoître les objets qui
nous environnent, tant pour profiter des
avantages qu'ils nous offrent, que pour
éviter les maux qu'ils peuvent nous
caufer.

Le grand nombre de recherches qu'on
a faites, depuis le renouvellement de la
philofophie, fur l'Hiftoire du Règne Animal & du Règne Végétal, nous ont mis
en quelque forte à portée de connoître
la marche de la nature dans la formation des corps de ces Règnes ; mais il
s'en faut bien que nous ayons fait les

mêmes progrès dans le Règne Minéral.
Les différentes opinions qui partagent
encore les Savans fur l'origine & la formation des minéraux, ne prouvent que
trop le peu d'étendue de nos connoiſſances dans cette partie de l'Hiſtoire Naturelle. Un des grands obſtacles qui s'op-
poſent à ces progrès, c'eſt que ces fortes de recherches exigent des lumieres
qu'on trouve rarement dans les perſonnes
qui feroient à portée de les faire ; & que
ceux qui ont acquis ces lumieres, font
rarement à même de s'en occuper. D'un
autre côté, c'eſt que, dans la production des minéraux, la nature n'opére
que très-lentement & d'une maniere imperceptible, & l'âge d'un homme eſt trop
court pour pouvoir feul obſerver ce travail dans toute fon étendue : nous ne
pouvons en faiſir que quelques parties
iſolées, d'après leſquelles il n'eſt pas aiſé
de juger de celles qui ont dû précéder,
ou de celles qui doivent fuivre pour avoir
un minéral parfait. Nous ne faurions aſſez
louer le goût & les foins qu'on prend de
nos jours, pour fe procurer des cabinets
d'Hiſtoire Naturelle, les plus utiles fans
doute & les plus énergiques des *Biblio-
théques* phyſiques : mais ce n'eſt pas en

examinant une longue fuite d'échantillons du Règne Minéral, qu'on peut fe faire une idée de la maniere dont ils ont été formés ; cet examen ne peut que nous apprendre à les diftinguer & à en connoître les différentes efpèces.

L'analyfe de ces mêmes échantillons peut bien nous laiffer entrevoir les différens principes qui ont concouru à leur formation ; mais la connoiffance du mécanifme que la nature emploie pour l'union & la combinaifon de ces mêmes principes, exige des obfervations & des recherches d'une autre efpèce. Ces recherches ne font point l'ouvrage d'un jour ni du nombre de celles qu'on peut faire fans fortir de fon cabinet ; elles demandent néceffairement qu'on fe tranfporte fur les atteliers mêmes de la nature, pour y voir & examiner ce qui s'y paffe ; c'eft dans les travaux des Mines & fur les montagnes où leurs veines paroiffent au jour, qu'il faut aller étudier & examiner par foi-même la marche & les progrès de leur formation. Il y a plus ; cet examen fera infructueux, s'il n'eft exempt de tout préjugé, & fi l'on n'a pas la plus fcrupuleufe attention de voir tout par foi-même & de ne jamais s'en rapporter aux yeux d'autrui ; fans ces conditions expreffes, tout ce qu'on fe permettra d'écrire fur ces matieres, rifquera toujours de n'être que des idées fyftématiques, fouvent plus propres à nous induire en erreur, qu'à nous éclaircir la vérité. Nous en citerons ici un exemple récent, perfuadé que la deftruction d'un faux préjugé ne peut qu'étendre les limites de nos connoiffances.

Parmi le nombre d'Ouvrages dont un Auteur célèbre a enrichi notre Littérature, il y a quelques morceaux détachés d'Hiftoire Naturelle, qui tous, nous ofons le dire, ont été puifés dans des fources peu fidelles ou peu inftruites. Choififfons, parmi ces morceaux, celui où il eft queftion de l'exiftence ou de la nonexiftence des faluns de Touraine *. Ce Savant, pour s'affurer de l'un ou l'autre de ces faits, fit venir chez lui une caiffe de ces matieres, pour les examiner à loifir ; & il paroît, par la defcription qu'il en fait, qu'au lieu de faluns on lui

---

* Queft. fur l'Encyclopédie, tom. IV. pag. 144 & fuivantes.

envoya de ces pierres crétacées, connues
le long de la Loire, fous le nom de *Tuffaux*.
Il n'en fallut pas davantage pour déterminer notre philofophe à conclure que les
faluns de Touraine ne font que des êtres
de raifon & n'ont jamais exifté ; & il ap-
puie fa conclufion avec cette force de ftyle
qui lui eft, tout à-la-fois, fi familiere &
fi propre à porter la conviction dans l'efprit des Lecteurs peu inftruits.

Cette conclufion cependant n'eft pas
moins une erreur de fait, accréditée dans
le Public fous le mafque de la vérité.

Nous fommes bien affurés que cet illuftre ami de l'humanité auroit apporté fur cette queftion un jugement bien différent, fi,
comme nous, il s'étoit donné la peine d'examiner par lui-même le fait fur les lieux.

Il auroit trouvé à deux lieues de Sau-
mur, proche la petite ville de Doué, un
banc de coquillage très-étendu, prefque
fans mélange d'aucune fubftance étrangere, la plûpart entiers & bien confervés. Ces faluns renferment un très-grand
nombre de coquilles de différentes efpèces, des offemens marins, des dents de
Requins ou Gloffopètres, des Ourfins,
&c.

Il auroit remarqué toutes les couches

de ce banc, difpofées par ondes réguliè-
res, telles qu'une mer médiocrement
agitée a dû les arranger, à mefure que
ces coquillages étoient dépofés par les
teftacées qui vivoient dans ces parages.
Il auroit vu que ce banc, qui a dans des
endroits foixante à quatre-vingt pieds
d'épaiffeur, eft affis fur un fonds de vafe,
noir, légérement falin, qui forme un
des meilleurs engrais pour la culture des
terres, & dont les habitans favent profiter, en pratiquant des puits au travers
de ces faluns.

Il auroit vu le Village fouterrain de
Soulanget, dont les maifons font toutes
taillées dans ces faluns, & dont les iffues
des cheminées font à fleur de terre ; &
ce qu'il y a de plus fingulier encore ,
c'eft que ces habitations fouterraines ne
font ni humides ni mal faines.

Il auroit remarqué auprès des murs de
Doué, un Amphithéâtre taillé par les
Romains dans ce même banc de faluns ,
qui exifte encore tout entier jufqu'aux
loges des animaux deftinés aux fpectacles : cet Amphithéâtre, pour la forme ,
ne reffemble pas mal à celui de Nîmes,
ou à l'ancien Cirque de Rome : *Jufte
Liple* nous en a confervé un deffein très-

exact; nous l'avons confronté & trouvé
très-conforme au plan que nous en avons
levé fur les lieux avec toute l'exactitude
poffible. Ces faits inconteftablement
vrais, prouvent fans replique que les faluns de Touraine exiftent réellement,
& qu'ils ne font rien moins que des êtres
de raifon, comme ce Philofophe l'a
avancé, parce qu'il a été induit à erreur.
Nous verrons également dans la fuite de
ce Difcours, qu'il n'eft pas befoin de
recourir au miracle pour expliquer la formation des pierres coquillères qui fe forment auprès de Chinon en Poitou, dont
parle notre Auteur *, & dont les nouvelles publiques viennent tout récem-
ment de faire mention. Nous pourrions
lui faire les mêmes obfervations fur tout
ce qu'il nous a dit dans un autre article,
fur la formation des montagnes, & nous
ne craindrions pas de bleffer fa délicateffe; les hommes de fa trempe ne cher-
chent que la vérité; c'eft les obliger que
de la leur préfenter. Il faut d'ailleurs bien
diftinguer les faluns dont nous venons de

---

* *Ibid.* Page 141.

parler, d'avec ceux qui font auprès de la petite ville de St. Maure, dans la même Province, & dont l'exiftence n'eft pas moins réelle.

Nous ajouterons à l'occafion des faluns de Touraine, que les roches qui forment les montagnes à l'oueft de Soulanget, jufqu'au Port de Cunault fur la Loire, portent encore toutes les empreintes d'une côte ou rivage de mer. Ces roches font toutes rongées & excavées fur leur alignement, par l'action des vagues d'une mer, précifément de la même maniere que cela fe paffe de nos jours, & que nous l'obfervons fur les roches qui bordent la côte d'Aunis & dans nombre d'autres endroits. Or ces érofions ou excavations fur une roche très-dure, ne font point l'ouvrage d'un jour, ni celui d'une inondation paffagère, non plus que les bancs de faluns qui font au pied de ces montagnes ; tout cela forme au contraire une preuve non équivoque d'un long féjour de la mer dans tous ces cantons. Au furplus, les faluns ne font point rares ; une grande partie de la furface de la terre en eft couverte ; & fans fortir de la Province dont nous écrivons l'Hiftoire Naturelle, nous pouvons affu-

rer que la plûpart des montagnes des
Corbières , des Cevennes & de celles
du Gevaudan , ne font que de véritables
faluns plus ou moins altérés par les viciffitudes des tems & changés en roches
calcaires ; il eft des endroits même au
fommet de ces montagnes , où beaucoup
de ces coquillages fubfiftent encore dans
leur entier ; nous ne l'avons pas ouï dire,
nous l'avons vu.

C'eft également faute d'un examen lo-
cal & refléchi, que nombre de Savans ont
avancé & foutiennent même de nos jours
que les mines , du moins les principales
veines, exiftent telles qu'elles fe trouvent
dans le fein de la terre depuis fa création;
c'eft précifément comme fi on nous difoit
que nos forêts exiftent telles que nous
les voyons depuis la formation de notre
globe.

Il ne faut qu'une fimple refléxion pour
faire voir toute l'erreur & l'impoffibilité
de ce fyftême. Les roches calcaires appartiennent incontestablement au Règne
animal; c'eft un fait généralement recon-
nu par quiconque a la plus legere teinture de l'Hiftoire Naturelle ; ces roches
ou plutôt ces montagnes ne peuvent donc
être que les dépôts des coquillages &

de nombre d'autres fubftances animales, & l'on ne fauroit nier qu'il n'ait fallu une très-longue fuite de fiécles pour former & petrifier ces amas immenfes de matieres animales ; cependant je puis affurer que parmi le grand nombre de mines de toute efpéce que j'ai vues dans plufieurs endroits de l'Europe , j'en ai remarqué plufieurs, même des plus confidérables, qui fe font formées dans la pierre à chaux, & il n'eft pas néceffaire de fortir du Languedoc pour en apporter nombre d'exemples.

Or, je demande comment il feroit poffible que ces minéraux ayent été formés en même tems que notre globe , & fe trouver maintenant au centre des montagnes calcaires qui n'ont pu exifter qu'un très-long efpace de tems après cette époque ?

On nous dira peut être que les fubftances calcaires fe font introduites parmi les roches vitrifiales , au milieu defquelles les minéraux fe trouvoient tous formés.

Je conviens qu'il y a eu , & qu'il y a encore journellement des filtrations qui peuvent introduire des fubftances calcaires dans les petites fentes des roches vitrifiables, même dans celles des veines minérales ; mais il ne s'agit point ici de ces legers accidens de la nature, il est question des montagnes entieres de roches calcaires, telles qu'une grande partie des Corbières, des Cevennes, du Mont-Jura & de tant d'autres, au centre desquelles on trouve des filons & des veines confidérables de minéraux de toute espèce, qui ont des suites reglées, & qui se prolongent à de fortes distances. La montagne de Bergueiroles, dans la paroisse de St. Paul de la Coste, au Diocèse d'Alais, est fort haute & presque entièrement composée de roche calcaire ; cette montagne est pénétrée de toutes parts par de grosses veines presqu'horisontales de mine de fer cristallisée, blanche & noire ; ces veines, qui sont les unes au dessus des autres, sont séparées par de fortes couches de pierre à chaux, en sorte que le minéral n'a pas la moindre communication avec les roches vitrifiables, & se trouve à plus de deux cens toises au dessus de la base de la montagne, qui, comme presque toutes les montagnes calcaires, porte sur un fonds schisteux. Cette montagne se prolonge à l'ouest vers le village d'Egladines dans la paroisse de

Mialet ; ici elle eſt pénétrée par pluſieurs veines de mine de plomb, toutes encaiſ-fées dans la ſubſtance calcaire de la montagne. Je puis dire la même choſe des riches mines de fer des Corbières, telles que celles de Caſcaſtel, d'Aveja & de Villerouge & autres ; les riches mines d'argent & autres des environs de Mei-fous font dans le même cas.

Qu'on refléchiſſe maintenant s'il n'eſt pas de toute impoſſibilité que ces minéraux aient exiſté une longue ſuite de tems avant les montagnes dans leſquelles ils ſe trouvent renfermés ; & ſi l'on peut avancer avec quelque vraiſemblance que leur exiſtence date du tems de la formation de notre globe.

C'eſt ainſi que faute d'un examen refléchi, on ſe laiſſe entraîner par le brillant d'une idée ſyſtématique, qui, loin de concourir au progrès de nos connoiſ-fances, nous jette au contraire dans des erreurs & dans des préjugés bien plus difficiles à vaincre, que la découverte même de la vérité.

Nous avons d'ailleurs tant d'indices de la formation ſucceſſive des minéraux, de leur crue, de leur maturité, & enfin de leur décadence ou dépériſſement, qu'il n'eſt pas poſſible de ſe refuſer à des témoignages auffi fenfibles. Témoignages qui prouvent d'une maniere évidente que la nature emploie dans la formation des corps du règne minéral, à-peu-près le même ordre & la même marche qu'elle fuit dans la formation des corps des autres règnes ; en voici quelques preuves.

Agricola dit, qu'en Tofcane on exploitoit de fon tems des mines de fer par coupes reglées à-peu-près comme les forêts ; on pratiquoit d'abord une foffe de laquelle on retiroit le minéral dont on avoit befoin ; & après l'avoir nétoyé, on rejettoit les décombres dans la foffe. L'année d'enfuite on creufoit une feconde foffe où l'on pratiquoit le même travail, & ainfi de fuite, de foffe en foffe, pendant un certain nombre d'années ; après quoi on revenoit à la premiere qu'on creufoit de nouveau, & dans laquelle on trouvoit autant de minéral qu'on en avoit extrait la premiere fois ; ce qui eft très-conforme aux obfervations fuivantes.

Il fe forme dans plufieurs endroits des Cevennes & ailleurs, entre les lits de pierre à chaux, une efpèce de mine de fer très-noire, en grains, tous attirables à l'aiman, parmi lefquels on trouve des paillettes d'or de la plus grande pureté,

& des grains d'un fable couleur de topaze, fort femblables à ceux qu'on remarque dans la platine.

J'ai trouvé dans les Landes de Cerify, au diocèfe de Bayeux, quantité de coquillages bivalves, dont toute la fubftance de la coquille & du poiffon, eft changée en véritable mine de fer : j'ai dépofé plufieurs de ces coquilles dans le Cabinet du Roi, où l'on peut les voir.

J'ai auffi trouvé dans les Corbieres, au diocèfe de Narbonne, des morceaux de bois entiérement changés en mine de fer. On peut les voir dans le cabinet d'Hiftoire Naturelle de la Sociéte Royale des Sciences de Montpellier.

J'ai également dépofé dans le cabinet de cette Académie, de gros tronçons de châtaigners, dont les nœuds font changés en une vraie pyrite arfenicale ; il s'en trouve près d'Affas, au diocèfe de Montpellier.

Je poffède un marteau de Mineur, que j'ai trouvé dans les anciens travaux de Planche-les-Mines, en Franche-Comté ; une moitié étoit enfoncée dans de la glaife, qui fe trouve dans la fente du rocher, l'autre moitié failloit en dehors : la moitié qui étoit enfoncée dans la glaife, eft entiérement changée en mine de plomb, tandis que la moitié qui étoit saillante, à quelque rouille près, n'a pas subi la moindre altération.

Sur la fin du siécle dernier, en rétablissant les travaux d'une ancienne mine d'argent & de cuivre azur, près de Sultsmat, en Haute-Alsace, on trouva dans le fonds de ces anciens ouvrages, un âne entiérement changé en pyrite ; on a depuis appellé cet endroit *Gulden asel*, c'est-à-dire l'âne d'or : la gangue ou roche qui accompagne cette mine, est un marbre magnifique, moucheté de bleu azur & de vert entrelassé de petits filets de mine d'argent. Or il y a beaucoup d'apparence que cet animal ne fut pas jetté en fonte lors de la formation de notre globe, & sûrement le marbre, qui est une pierre calcaire, n'a pas pénétré les filets de mine d'argent dont il est entrelassé ; il est bien plus naturel de dire que ce minéral s'est formé dans cette pierre.

Personne n'ignore que les cornes d'Ammon appartiennent incontestablement au règne animal ; combien n'en trouve-t-on pas dont les unes sont simplement pétrifiées, d'autres changées en pyrites, en mines de fer, de cuivre, &c. J'en ai qui

récellent

récellent beaucoup d'argent ; on ne nous
dira pas que tout ces faits font l'ouvrage
des eaux , parce que l'eau ne fauroit introduire ces fubftances minérales dans
l'intérieur des corps déjà tous formés.

Je conviens , & il eft de fait, que les
eaux peuvent diffoudre & corroder les
minéraux dans leurs propres veines , &
en tranfporter les fédimens dans des endroits plus ou moins éloignés où elles les
dépofent ; mais il ne réfulte jamais de ces
dépôts de véritables mines caractérifées,
telles que la galene , la pyrite , *&c.* ce
ne font alors que des ocres , des verts
ou bleus de montagne, des malachites ,
&c. toutes fubftances qui ont été altérées
par l'action de l'air ou de l'eau, & n'ont
point été formées dans les endroits où on
les trouve , mais qui y ont été amenées
par les eaux qui les ont détachées de leurs
véritables matrices.

C'eft par le même méchanifme que fe
forment les quartz , les fpaths & toutes
les efpeces de ftalagmites & autres concrétions , qui doivent leur exiftence à
l'action des eaux.

Mais il y a une grande différence entre
tous ces dépôts & les fubftances végé-

Tome II. B

tales & animales, changées en vrais minéraux.

Au furplus lorfque nous difons que ces dernieres fubftances ont été changées en vrais minéraux, nous ne prétendons pas inférer delà, que les principes élémentaires de ces fubftances animales ou végétales aient été radicalement changées en principes minéraux : nous n'ignorons pas que ces principes font inaltérables, mais nous entendons dire par-là que les principes minéralifateurs pénétrent ces matieres, en détruifent le tiffu, enlevent une partie de leurs élemens, & y dépofent à leur place les fubftances minérales. Nous ferons voir dans la fuite de ce Difcours, la maniere fimple dont tout cela s'opére.

Il y a plus, c'eft que nous avons des preuves évidentes que les filons ou veines minérales, ainfi que les roches vitrifiables, fe forment & croiffent par intuspofition ; & que la nature employe, pour la crue de ces minéraux, à-peu-près le même méchanifme dont elle fait ufage pour la crue des corps des deux autres règnes : je dis les roches vitrifiables, car je n'ai point obfervé les mémes phenomènes dans les roches calcaires, ni dans

les roches granites , & cela paroît naturel , parce que ces deux efpèces de roches
n'étant que des dépôts , les uns de matieres animales , les autres de fable de
différente nature détachés de leurs matrices par les viciſſitudes des tems , &
dépoſés par les eaux fur la furface de la
terre , ne peuvent fubir que des degrés
de pétrification plus ou moins parfaits ,
& ne fauroient recevoir une nourriture
intérieure fans changer de nature , au lieu
qu'il n'en eſt pas de même des roches
vitrifiables : celles-ci compoſent la plus
grande partie de la maſſe intérieure de
notre globe , & ne reçoivent dans leur
fein que des fubſtances qui leur font analogues , & qui leur font fournies par
l'action du feu qui circule dans l'intérieur
de la terre , ce qui augmente leur volume
dans des endroits , pendant qu'il diminue
dans d'autres ; comme nous le prouve-
rons dans la fuite. Nous ne manquons pas
d'exemples de ces fortes de phenomènes :
en voici quelques-uns.

La mine d'argent & de plomb, appellée la *Grande Montagne* , à Planche-les-
Mines , en Franche-Comté , a été ou-
verte de tems immémorial ; les anciens
travaux dans cette montagne , font im-

menſes. Il y a des endroits dans ces travaux dont les parois ſe ſont tellement
rapprochées , qu'il n'y a pas ſix pouces
d'intervalles entr'elles , & cependant on
y remarque encore très-diſtinctement la
trace des outils : ce qui ne peut avoir lieu
que par une crue ou augmentation intérieure du rocher , c'eſt-à-dire par vraie
intus-poſition , & l'on ne doit pas croire
qu'il y ait eu un mouvement ou ſecouſſe
de la montagne qui ait obligé ces parois
de ſe rapprocher ; car outre qu'il y a en
différens endroits des piliers d'appui qu'on
a laiſſés pour maintenir ces roches , &
qui les auroient empêchées de s'appro-
cher , c'eſt que ces excroiſſances n'ont
lieu que par intervalles. Elles ont dans
des endroits cinq à ſix toiſes de longueur,
après quoi on trouve les ouvrages de grandeur ordinaire ; en ſorte que pour pénétrer dans ces anciens ouvrages , il a fallu
couper la roche des deux côtés en pluſieurs endroits pour ſe faire paſſage , &
la crue de ces roches & de ces veines eſt
telle , qu'elle force à plus de ſoixante
toiſes de diſtance , les roches collatérales
qui ſont ſur le côteau de la montagne à
ſe détacher de tems en tems par gros

morceaux, & à rouler au pied jufqu'au bas du côteau.

La même chofe eft arrivée à la galerie, appellée la *Montagnotte*, du côté d'Auxel; il a fallu élargir cette galerie de plus d'un pied en différens endroits, pour pouvoir y pénétrer.

Il y a au lieu de Baudy, près Château-Lambert, dans la même Province, un filon de mine de plomb, qui règne tout du long d'une petite plaine qui forme le fommet de cette montagne ; la crue de ce filon a une fi grande force, qu'elle a foulevé un banc de près de trois toifes d'épaiffeur, de roche granite qui le couvre, & l'a tellement fendu, qu'il forme un d'os d'âne, fur toute la longueur de la plaine, de plus d'une toife de hauteur, & reffemble parfaitement à une voute en pierre feche qu'on auroit fait exprès le long de ce terrain.

J'ai obfervé à-peu-près les mêmes phenomènes dans nombre d'autres endroits, qui ne permettent pas de douter que ces fortes d'excroiffances font occafionnées par une force qui pouffe de bas en haut; & comme c'eft toujours au deffus des filons ou veines minérales qu'elles ont lieu, il eft de toute évidence que ces veines augmentent par l'intus-pofition des matieres analogues qui y font fucceffivement amenées par une force quelconque que nous tâcherons de developper dans la fuite.

Au furplus il faut bien diftinguer ces excroiffances ou crues naturelles, d'avec ces gros filons qu'on voit très-fouvent fe prolonger le long des côteaux rapides, & dont les roches s'élevent quelquefois de plufieurs toifes au deffus des terres collatérales; ici, outre la crue naturelle de ces filons, qui fe fait d'une maniere imperceptible, il y a une caufe accidentelle qui les fait fucceffivement paroître plus élevées au deffus du terrain qui les accompagne, & cette caufe n'eft autre chofe que les grandes pluies, qui délayent ces terres, les entraînent, & en dépouillent fucceffivement le pied de ces roches qui paroiffent plus élevées à mefure que ces dépouillemens ont lieu.

Voici une obfervation que j'ai fuivie pendant quelque tems, & qui me paroît conftater fans réplique la crue & la formation fucceffive des minéraux dans le fein de la terre.

Pendant que je faifois faire l'épuifement des eaux de la mine de Pont-Pean, près Rennes en Bretagne , on fit une galerie de huit à dix toiſes de longueur , dans un puits appellé le *Puits Saxon ;* comme on n'y rencontra que très-peu de minéral , on abandonna ce travail. Quelques mois après , le haſard me fit entrer dans cette galerie pour y chercher quelques outils égarés , que je ſoupçonnois y être cachés ; j'apperçus au fond de ce travail beaucoup de matiere blanche que je pris d'abord pour de la mouſſe ; mais ayant approché la lumiere de plus près , je vis toutes les inégalités du roc preſque remplies d'une matiere très-blanche , ſemblable à de la céruſe délayée , que je reconnus être du véritable *guhr* ou *ſinter,* auquel quelques Chymiſtes donnent le nom de *lac lunœ.*

Au ſurplus il faut obſerver que la ſubſtance que j'appelle ici *guhr,* eſt fort différente de celle à laquelle quelques Naturaliſtes ont donné le même nom , ou celui de marne fluide , qui n'eſt qu'une diſſolution de pierre à chaux , entraînée par les eaux , & qui forme la matiere des ſtalactites calcaires ; au lieu que le *guhr* dont je parle , eſt une vapeur condenſée , qui , en ſe criſtalliſant , donne un véritable quartz.

B 4

Ma premiere idée fut de favoir comment cette matiere avoit pu fe former dans les petites cavités de ce rocher, car j'étois bien sûr qu'elle n'y étoit pas lorfque les mineurs avoient quitté ce travail à ma préfence ; je favois d'un autre côté que lorfque cette matiere prend, en fe defféchant, une confiftance prefque pierreufe, il n'eft pas rare de la trouver parfemée de grains de minéral ; il s'agiffoit en conféquence d'examiner fi elle provenoit de la circulation de l'air des travaux, ou fi elle tranfpiroit au travers du roc fur lequel elle fe formoit ; car il n'y avoit pas d'autre humidité que la fraîcheur ordinaire des fouterrains.

Pour m'affurer de l'un ou l'autre de ces faits, je commençai par bien laver la furface du rocher avec une éponge, pour ôter tout le *guhr* qui s'y trouvoit; enfuite je pris quatre petites écuelles neuves de terre verniffées, dont les payfans font ufage à la campagne ; je les appliquai aux endroits du rocher où j'avois apperçu le plus de *guhr*, & avec de la bonne terre glaife bien pêtrie, je les entai bien tout à l'entour de deux bons pouces d'épaiffeur, après quoi je plaçai deux traverfes de bois vis-à-vis de mes écuelles qui for-

moient prefque les quatre angles d'un
quarré ; & au moyen de quatre coins
que je plaçai entre les traverfes & les
culs des écuelles, je les fixai de maniere
qu'elles ne pouvoient pas remuer, ni fe
déranger de leur place : tout cela étant
fait, je fis placer trois forts poteaux à
l'entrée de la galerie, afin que l'air y eût
un libre accès, & que perfonne ne pût
y entrer.

Je laiffai tout cet équipage tranquille
pendant huit mois, au bout duquel tems
je ne pus réfifter à l'envie d'aller voir
comment tout fe paffoit. Je remarquai
d'abord qu'il s'étoit formé de nouveau
guhr dans les petites finuofités de la furface du roc, mais pas autant que j'en
avois ôté, parce que le tems avoit été
plus court.

Je levai une de mes écuelles, ma furprife ne fut pas petite de voir que le *guhr*,
qui s'étoit formé au deffous, avoit près
de demi-pouce d'épaiffeur, & formoit
un rond fur la furface du rocher, de la
grandeur de l'écuelle ; il étoit très-blanc,
& avoit à-peu-près la confiftance du
beurre frais ou de la cire molle ; j'en pris
de la groffeur d'une noix, & remis l'é-
cuelle comme auparavant, fans toucher

aux autres ; je refermai la galerie, bien
réfolu de n'y rentrer que lorfque mes
occupations ne me retiendroient plus fur
ces travaux. Je laiffai fécher à l'ombre ce
que j'avois pris ; cette matiere prit une
confiftance grenue & friable, & reffem-
bloit parfaitement à une matiere femblable, mais ordinairement tachetée, qu'on
trouve dans les filons de différens minéraux, fur-tout dans ceux de plomb, &
à laquelle les mineurs Allemand donnent
le nom de *leten*. Il y en a quantité dans
celui de Pont-Pean, & le minéral y eft
répandu par grains la plûpart cubiques,
& fouvent accompagnés de grains de
pyrite. Toute la différence que je trou-
vois entre ma matiere & celle du filon,
c'eft que la premiere étoit très-blanche,
& que celle du filon étoit parfemée de
taches violettes & rouffeâtres ; je pris de
celle du filon qui ne contenoit affurément
aucun minéral & la plus blanche que je
pus trouver ; j'en pris également de la
mienne, & fondis, poids égal de ces deux
matieres, dans deux creufets féparés au
même feu. Elles me parurent également
fufibles, & me donnerent des fcories
entiérement femblables, au point qu'elles
paroiffent provenir d'une même matiere

& d'une même fonte. Je foupçonnai dès-lors que ces matieres étoient abfolument les mêmes ; nous allons bien-tôt voir que je ne me trompois pas.

Quatorze mois fe pafferent depuis le jour que j'avois vifité la premiere écuelle, jufques au tems de mon départ de ces travaux : je fus voir alors mon petit équipage ; je trouvai que le *guhr* n'avoit pas fenfiblement augmenté fur la partie du roc qui étoit à découvert , & ayant détaché l'écuelle que j'avois vifitée précédemment , j'apperçus l'endroit où j'avois enlevé le *guhr* recouvert de la même matiere , mais fort mince & très-blanche ; au lieu que la partie que je n'avois pas touchée , ainfi que toute la matiere qui étoit fous les écuelles que je n'avois pas remuées , étoit toute parfemée de taches rouffeâtres & violettes , & abfolument femblable à celle qu'on trouve dans le filon de cette mine , avec cette différence que cette derniere renferme quantité de grains de mine de plomb, difperfés dans les taches violettes , & qui n'avoient pas eu le tems de fe former dans la premiere.

Il réfulte de cette obfervation, que les *guhrs* fe forment par une efpece de tranfpiration au travers des roches mêmes les plus compactes, & qu'ils proviennent de certaines exhalaisons ou vapeurs qui circulent dans l'intérieur de la terre, & qui se condensent & se fixent dans les endroits où la température & les cavités leur permettent de s'accumuler.

Cette matiere n'est point, comme le pensent quelques Minéralogistes, une terre dissoute & chariée par les eaux dans les cavités où elle se rencontre. C'est une véritable vapeur condensée, qui se trouve, dans une infinité d'endroits, renfermée dans des roches inaccessibles à l'eau.

Lorsque le *guhr* est dissout & charié par l'eau, il se cristallise très-facilement, & forme un vrai quartz. C'est une observation que j'ai suivie plusieurs années de suite à la Mine de Cramillot, proche de Planche-les-Mines en Franche-Comté : les eaux qui suintent au travers des roches de cette Mine, forment des stalactites au ciel des travaux, & même sur les bois, qui ressemblent aux glaçons qui pendent aux toits pendant l'hiver, & qui font un véritable quartz.

Les extrêmités de ces stalactites, qui n'ont pas encore pris une consistance so-

lide , donnent une fubftance grenue ,
criftalline, qu'on écrafe facilement entre
les doigts ; & comme c'eft un filon de
cuivre, il n'eft pas rare, parmi ces ftalac-
tites , d'y en voir quelques-unes qui
forment de vrais malachites d'un très-
beau vert.

Lorfque les travaux d'une mine ont été
abandonnés , & que les puits font remplis d'eau, il n'eft pas rare de trouver au
bout d'un certain tems, la furface de ces
puits plus ou moins couverte d'une efpèce de matière blanche, criftallifée , qui
eft un véritable quartz , c'eft-à-dire un
guhr criftallifé. J'ai vu de ces concrétions qui avoient plus d'un pouce d'é-
paiffeur.

Tous ces faits me font conjecturer ,
avec bien de la vraifemblance , que tous
les quartz qu'on trouve en fi grande quantité dans les Mines de toute efpéce, doivent leur origine à la diffolution des guhrs,
& que tous ces quartz ne font que des
guhrs criftallifés. Les fpaths fufibles qu'on
trouve communément dans les filons qui
ont leur direction par l'eft & l'oueft, peuvent très-bien provenir de même fource;
car il eft inconteftable que les guhrs font
la véritable matrice des mines , parce

qu'il n'y a point de filon de mine un peu
confidérable, qui ne renferme beaucoup
de cette matière, avec laquelle les minéraux me paroiffent avoir la plus grande analogie; & je ne croirois pas me
tromper, en avançant que cette fubftance forme la bafe des métaux, à laquelle
Beker a donné le nom de *terre vitrifiable;*
elle l'eft en effet.

Lorfque les guhrs commencent à fe
former, ils font toujours très-blancs; c'eft
du moins ce que j'ai obfervé en bien des
endroits, & cela dans quelque efpéce de
minéral que ce foit. Le guhr, dans les
mines de cuivre, paroît auffi blanc & de
la même efpéce que dans les mines de
plomb ou d'argent. A mefure que les
exhalaifons minérales fe portent vers cette matiére par leur analogie & leur affinité, elles la terniffent & y forment des
taches, tantôt rouges, tantôt violettes,
fouvent verdâtres ou bleuâtres. Par cette
affluence continuée, les particules minérales s'y accumulent, fe criftallifent à leur
tour, & forment enfin le vrai minéral.

Pendant que tout cela fe paffe fur une
partie des gurhs, à mefure qu'ils fe forment, une autre partie voifine, attaquée
par le fuintement des eaux qui pénétrent

dans ces fouterrains, fe criftallife & forme les quartz & les fpaths fufibles qui
accompagnent toujours les minéraux.

Les Obfervations précédentes femblent du moins nous autorifer à envifa-
ger, fous ce point de vue, la marche
de la nature dans ces fortes de productions.

Il fuit delà, que les guhrs doivent fe
former avant les minéraux auxquels ils
fervent de bafe, & qu'il peut très-bien
fe trouver des guhrs & des quartz qui
ne renferment aucune fubftance métallique, comme cela arrive très-fouvent ;
les guhrs peuvent même être colorés en
tout ou en partie, & produire des quartz
de différentes couleurs, fans qu'il s'y trouve aucune efpéce de minéral caractérifé,
ainfi qu'on le voit tous les jours.

Pour peu qu'on faffe attention à la maniere dont fe forment les guhrs, il fera
aifé de voir que cette fubftance peut fe
mêler & fe combiner avec plufieurs efpéces de terres, & fuivant différentes
proportions, d'où il réfultera une infinité de pétrifications différentes dont on
ignore l'origine. La qualité des eaux
qui concourent à ces fortes de concrétions, peut encore y apporter des diffé-

rences confidérables. Si les eaux qui forment la criftallifation des guhrs, fe trouvent imprégnées des fubftances calcaires ou alkalines, il réfultera de ce mêlange de cailloux de toute efpéce. Nous fondons cette conjecture fur ce que les fubftances calcaires ont la propriété d'être fufceptibles du poli, dès qu'elles fubiffent un degré parfait de pétrification, telle que les marbres & les cailloux, propriété qu'on ne trouve pas dans les quartz purs, & que les cailloux poffédent à un degré plus ou moins parfait.

A l'afpect de la quantité prodigieufe de quartz ou d'autres pierres qui en renferment, & qu'on trouve tant à la furface que dans l'intérieur du globe terreftre, on ne peut qu'être effraïé de l'immenfe production des guhrs, qui fourniffent la matiere de ces pierres; mais la furprife ceffe, dès qu'on fait attention qu'ils font le produit des exhalaifons qui s'élèvent continuellemens des régions intérieures de la terre, vers tous les points de fa furface.

Il fe préfente ici deux difficultés: la premiere, c'eft de favoir ce qui peut donner lieu à ces exhalaifons; la feconde, quel peut être le magafin où la nature puife les matières qu'elles charient. Nous tacherons

tacherons d'éclaircir ces faits d'une manière fenfible dans la fuite de ce Difcours.

Il nous femble que la multiplicité des preuves non équivoques que nous avons apportées jufqu'ici fur la formation fucceffive des minéraux , met enfin cette queftion dans tout fon jour , & nous paroît plus que démontrée. Mais ce n'eft pas le tout ; nous avons avancé que les mines ont leurs âges , leur tems de maturité , & enfin celui de dépériffement ou de diffolution.

A l'égard de leur maturité , il paroît évident que dès qu'elles fe forment par une gradation fucceffive, elles ne peuvent qu'atteindre un degré de pureté, au delà duquel elles ne fauroient aller : c'eft lorfque , dégagées des matières étrangeres , elles ne renferment que le minéral pur ; elles rendent alors à la fonte le plus de métail qu'il y a lieu d'en attendre. Les Fondeurs difent alors que le minéral eft de bonne qualité ; & c'eft à ce degré de pureté qu'on doit fixer la maturité des minéraux.

Quant à la durée du tems que les mines reftent dans ce degré de pureté & de bonté , elle ne nous eft pas plus connue que celle qu'elles emploient à parve-

Tome II. C

nir à ce degré de perfection : il y a lieu
de préfumer que ces époques ne font pas
fixes , & que leur durée dépend de la
plus ou moins grande affluence des matieres qui les compofent , & du plus ou
du moins des fubftances hétérogénes qui
y affluent, telles que les matières fulphureufes , arfenicales , &c.

A l'égard de la décadence & du dépériffement des minéraux ; il paroît, par la
décompofition des quartz, qui eft très-
connue , & qui, après un long efpace de
tems indéterminé , fe changent en une efpéce de terre argileufe ; il paroît, dis-je,
que les minéraux dont la bafe eft la matiere du quartz, doivent être expofés aux
mêmes viciffitudes ; & cela eft d'autant
plus vrai, que les mines expofées à l'air,
celles de plomb & de cuivre fur-tout, fe
diffolvent facilement & fe changent en une
efpèce de rouille qui ne contient plus aucun
métail. Il n'eft pas rare d'ailleurs de trouver dans les travaux des mines certain minéral qui commence à fe ternir, à perdre
peu à peu fon éclat, & fe changer en une
efpéce de terre noire très-refractaire &
très-nuifible dans les fontes. J'en ai vu
beaucoup de cette nature , dans la mine

de St. Pierre de Giromagni en Haute-Alſace : ſur-tout à l'endroit appellé *la galerie d'enfer*.

Les Fondeurs craignent extrêmement cette matière ; ils diſent qu'elle leur vole le métail. Le fait eſt qu'elle cauſe beaucoup d'embarras dans le fourneau ; que les ſcories devenant très-ténaces & peu fluides, retiennent le métail qui ſe brûle avant de pouvoir ſortir. Je dirai plus, & je ne crois pas me tromper : c'eſt que j'ai toujours regardé les bleindes comme de vrais minéraux plus ou moins décompoſés. Ces matieres ſe terniſſent peu-à-peu, & perdent inſenſiblement cette ſubſtance ſi peu connue, qui forme l'éclat des métaux, & à laquelle Beker a donné le nom de *terre mercurielle*.

Les bleindes parvenues à un certain degré de décompoſition, ne contiennent plus aucun métail ; celles au contraire dont la diſſolution eſt moins avancée, recélent quelque peu de Zinc, qu'on peut regarder comme un métal dénaturé. Elles différent des chaux métalliques, en ce que celles-ci reprennent leur état de métail, en leur reſtituant la matière inflammable, au lieu que les bleindes n'ont point cette propriété, parce qu'elles ont perdu cette fubftance que je nommerai *mercu-rielle*, d'après Beker, & qui eft propre à faifir & à fixer la matière inflammable & à former le métail.

Tels font les différens degrés de formation, de croiffance, de maturité ou de perfection, & enfin de décadence & de décompofition par où paffent les fubftances du règne minéral ; degrés à la vérité beaucoup plus longs, mais très-femblables & très-analogues à ceux par où paffent les corps des deux autres règnes, l'animal & le végétal ; tant il eft vrai que la nature fuit dans toutes fes opérations cette marche uniforme qui caractérife l'ordre immuable qui règne dans l'univers.

Mais quel eft le méchanifme & l'agent que cette même nature emploie pour raffembler & combiner les différentes fubftances qui entrent dans la compofition de ces corps, fur-tout du règne minéral, qui eft celui qui nous occupe.

Il feroit bien difficile de répondre à cette queftion, fi on ignoroit les principes qui fervent de bafe & de fondement à cette théorie. Faire l'Hiftoire du Règne Minéral, c'eft faire celle de tout ce qui fe paffe dans l'intérieur du globe terreftre, & malheureufement nous manquons

d'échelles pour defcendre dans ces abî-
mes & y examiner les chofes de près.
Nous ne pouvons en juger que d'après
les obfervations qu'on peut faire à fa furface ou à des profondeurs très-modiques
en comparaifon de fon demi-diamètre. Il
y a plus, c'eft que les opérations de la
nature, dans le fein de la terre, tiennent
de fi près au méchanifme général de l'univers, qu'il eft impoffible d'en rendre raifon, fans remonter à l'état primitif des
êtres. C'eft pour cette raifon que la plûpart des Naturaliftes qui, avant nous,
ont écrit fur ces fortes de matières, ont
été obligés de recourir à des fyftêmes,
qui, loin de les éclaircir, n'ont fouvent
fait que les rendre obfcurs. Tâchons, autant qu'il eft en nous, d'éviter ces fortes
d'écueils, & n'avançons rien qui ne foit
fondé fur des principes bien conftatés &
généralement reçus.

Plus j'examine, foit en grand ou en
détail, tout ce qui fe paffe dans ce vafte
univers, plus j'y apperçois une efpéce de
chaîne qui lie en quelque forte tous les
phénomènes que nous y remarquons; en
forte qu'ils paroiffent tous dépendre d'un
même principe, quoique plus ou moins
éloignés, ou différemment compliqués.

D'un autre côté, nous ne connoiſſons
point dans la nature de repos abſolu, &
à tout prendre, tout y eſt dans un perpétuel mouvement : lorſque je me crois bien
tranquille dans mon lit, & dans un parfait repos, je ne ſuis pas moins emporté
avec la plus grande rapidité, par le mouvement de la terre, d'un endroit de l'eſpace à un autre. Or, pour avoir imprimé
& entretenir ce mouvement, il faut, de
néceſſité, qu'il y ait dans la nature une
force motrice, & qui plus eſt, une force
conſtante & permanente ; & nous ne ſau-
rions avoir une idée de cette force, ſans
concevoir en même tems un ſujet, une
matière en qui elle réſide ſpécialement,
car la force & le mouvement ne ſont que
des propriétés & des manières d'être d'une
matière quelconque. Elle exiſte donc cette matière ; nous n'avons pas même be-
ſoin de la chercher bien loin, nous l'avons
continuellement ſous les yeux. En effet,
je ne ceſſe de voir & de toucher une matière en qui le mouvement eſt une loi
immuable, qui, par ſon eſſence, ſe meut
perpétuellement, ou fait effort pour ſe
mouvoir, lorſque quelqu'obſtacle s'oppo-
ſe à la force qui l'anime, & qui, par elle-même & ſans aucune cauſe étrangere,

fe remet en mouvement, dès qu'elle eft
dégagée des entraves qui la retenoient;
enfin qui n'a ceffé de fe mouvoir depuis
l'inftant de fon exiftence, & qui fe
mouvra, ou fera effort pour fe mouvoir,
tant qu'elle exiftera; en un mot, qui ne
fauroit être privée de cette propriété,
fans ceffer d'être ce qu'elle eft.

Or cette matière que j'appellerai défor-
mais *matière active*, n'eft autre chofe que
ce fluide immenfe qui opére en nous cette fenfation que nous appellons *lumière*,
& qui eft le moteur de tous les êtres.

Quoi ! me dira-t-on, peut-il entrer
dans l'efprit d'un homme qui penfe, qu'un
fluide, tel que la matiere de la lumiere,
dont tous les efforts ne font pas la moindre impreffion fenfible fur les étamines
des plus tendres fleurs, foit capable d'a-
nimer toute la nature, & d'entretenir le
mouvement de tous les corps qui exiftent
dans l'univers ?

Je dis qu'oui : quelques momens de refléxion (& le paradoxe difparoîtra à coup
fûr); mais il convient, avant d'aller plus
loin, d'être prévenu qu'outre la matiere
active, ou, fi l'on veut, la matière de la
lumiere dont nous venons de parler, il
exifte, comme on fait, une autre matiere

très-différente , que j'appellerai *matiere*
paſſive, parce qu'elle eſt indifférente pour
le mouvement ou le repos ; en ſorte que,
par elle-même, elle n'eſt capable d'aucune action ; au point que ſi on la met en
mouvement, elle ne ceſſe de ſe mouvoir,
juſqu'à ce que quelque cauſe étrangere
l'arrête ; & ſi elle eſt miſe dans un état
de repos, elle y reſtera toujours, à moins
que quelque puiſſance la mette en mouvement ; & c'eſt de cette propriété qui lui
eſt eſſentielle, que dépend cette eſpèce de
force, connue ſous le nom de *force d'iner-*
tie , qui eſt une force morte ou paſſive,
toujours proportionnelle à la maſſe , &
dont toutes les fonctions ſe réduiſent à une
eſpèce de réſiſtance à ſon changement
d'état , de mouvement ou de repos. Telle
eſt la matiere qui ſert de baſe à tous les
corps qui exiſtent dans l'univers , & que
nous appellons proprement *matiere*.

Il y a donc deux ſortes de matieres
dans la nature ; l'une active, toujours en
mouvement ou en action pour ſe mouvoir
lorſqu'elle eſt arrêtée ; l'autre paſſive &
indifférente pour le mouvement ou le repos. Ces propriétés leur ſont innées &
intrinſéquement eſſentielles , en ſorte
qu'on peut dire que ces deux matieres

font forties telles de la main fuprême à laquelle tous les êtres doivent l'exiftence. Demander la caufe phyfique de ces propriétés, c'eft demander pourquoi ces matieres exiftent telles, ou pourquoi Dieu les a créées telles. Cette demande eft trop hors de raifon, pour mériter une réponfe.

De la propriété qu'a la matiere active de fe mouvoir, il en réfulte une autre force connue fous le nom de *force impulfive* ; car une ou plufieurs molécules de matiere active en mouvement, ne fauroit rencontrer une ou plufieurs molécules de matiere paffive en repos, fans qu'il y ait un choc entr'elles, & il ne fauroit y avoir de choc fans communication de mouvement ; & c'eft dans cette communication de mouvement que confifte la force impulfive.

Outre les deux forces dont nous venons de faire mention, il y en a une troifieme qui n'eft pas moins innée à la matiere, & qui joue le plus grand rôle dans la nature ; c'eft cette tendence réciproque, que tous les corps ont les uns vers les autres, & que l'on connoît fous les différens noms de *gravitation*, de *pefanteur*, d'*attraction*, & d'*affinité*; car nous

ne devons regarder les affinités que comme des modifications de la gravitation,
ou, ce qui revient au même, de l'attraction.

Cette derniere force étant purement
active & constante, ne sauroit appartenir à la matiere passive, qui, par elle-
même, est incapable de toute action, à
cause de son inertie. C'est donc à la matiere
active qu'il faut l'attribuer, & qui en
fait toutes les fonctions; & comme l'en-
semble des parties intégrantes d'un corps
quelconque ne sauroit subsister qu'en vertu de cette union ou attraction réciproque, il s'en suit que la matiere active forme elle seule l'union & le *glutten* des parties constituantes de tous les corps sans
exception.

Bien des gens auront de la peine à se
persuader que la simple attraction soit capable de former l'adhérence & la dureté
que nous remarquons dans un grand nombre de corps de différente nature; mais
on s'en convaincra facilement, lorsqu'on
fera attention que le nombre des molécules qui composent ces corps, est presque
infini, & que chacune de ces molécules
renferme sa portion de force attractive
ou d'adhérence, dont la somme devient

d'autant plus confidérable, qu'on fera plutôt étonné de ce qu'ils ne font pas plus durs & plus difficiles à divifer.

Il nous refte à dire un mot fur une quatrieme force qui exifte également dans la nature, & que nous remarquons dans nombre de corps : je veux dire la force élaftique : cette force qui confifte dans le remplacement ou le retour des parties comprimées dans leur premier état, ne fauroit appartenir à la matiere paffive, puifque fa propriété eft de refter dans l'état où elle eft mife ; elle ne peut donc appartenir qu'à la matiere active. En effet, fi nous faifons attention à la rapidité & à la facilité avec lefquelles la matiere de la lumiere fe refléchit, nous ne pouvons pas douter que les molécules qui compofent ce fluide ne foient douées de la plus grande élafticité.

La premiere conféquence que nous déduifons des propriétés que nous venons d'obferver dans les deux genres de matieres qui compofent l'univers, c'eft que s'il n'exiftoit que l'une ou l'autre de ces matieres, foit l'active, foit la paffive, il n'y auroit point de corps vifibles ou organifés ; car 1°. s'il n'y avoit que la matiere active, la rapidité de fon mouvement, jointe à l'élasticité des molécules qui la composent, ne leur permettroit pas de s'unir en corps, parce qu'alors la force élastique se trouveroit ici supérieure à la force attractive.

2°. Si au contraire il n'y avoit que la matiere passive, l'inertie de ses molécules, joint au défaut de force attractive, ne leur permettroit pas non plus de s'unir en corps, faute d'une force qui leur procurât cette union : je dis plus ; c'est que quand même ces deux genres de matieres existeroient, si leur tendence ou gravitation réciproque n'existoit pas ou venoit à s'anéantir, il est évident que tout seroit resté ou tomberoit en dissolution. Tous les atômes ou molécules qui composent ces matieres, resteroient isolés, faute d'une force qui les unît; ce ne seroit plus alors qu'un chaos où tout seroit confondu pêle-mêle ; ou, si l'on veut, une espèce de fluide aqueux, semblable à celui sur lequel *l'esprit du Seigneur se reposoit* au tems de la formation des êtres.

D'où il est aisé de conclure que c'est des différentes combinaisons des molécules constituantes de ces deux genres de matieres, en vertu des propriétés & des forces que nous venons d'y remarquer, que dépendent tous les phénomènes de l'univers, même ceux de la formation des minéraux, comme on verra dans la fuite. Mais, au préalable, voyons comment il eft poffible que la matiere active anime la matiere paffive ; comment elle a pu lui imprimer un premier mouvement, & enfin, comment elle peut l'entretenir.

Quoique la gravitation réciproque de tous les corps, ou fi l'on veut leur attraction mutuelle, foit une loi de la nature & innée à la matiere ; elle fouffre néanmoins bien des modifications, & il s'en faut de beaucoup qu'elle foit la même dans tous les corps, c'eft-à-dire qu'ils s'attirent tous également quoique placés à égales diftances. Les corps A & B, par exemple, s'attireront avec beaucoup de force pendant que les corps A & C ne s'attireront que foiblement & fe refuferont même à cette tendence.

Il ne faut pour fe convaincre de cette vérité, que jetter les yeux fur les expériences des affinités réciproques, & fur la table des rapports, qui pourroient s'étendre à toutes les fubftances qui compofent le globe terreftre.

Qu'on fe retourne tout comme l'on

voudra, on ne parviendra point à rendre raifon de ce phenomène, fans reconnoî- tre que dans la maffe des deux genres de matieres qui compofent l'univers, il exifte un nombre confidérable de fubftances toutes primitives & effentiellement dif- férentes ; ce qui prouve toute l'abfurdité de l'idée d'une matiere premiere unique & homogene, & de laquelle on prétend que tous les corps de l'univers ont été formés & font compofés. L'analyfe de tant de corps des trois règnes, devroit enfin nous défabufer de cette prétendue identité de matiere ; & je tombe d'éton- nement de voir de nos jours des Savans du premier ordre ne pouvoir fe défaire d'un préjugé qu'on doit regarder comme une fource d'erreurs dans la phyfique & dans l'hiftoire naturelle. Puis-je en effet croire, avec quelque efpèce de bon-fens, que lorfque je manie un lingot d'or, je manie en même tems un morceau de bois, de drap, une pierre & une coquille; ce qui feroit pourtant à la lettre, fi tous ces individus n'étoient qu'une feule & même matiere ; on aura beau me dire que la matiere premiere eft différemment combinée, ou appropriée dans les diffé- rens corps qu'elle forme ; mais qui eft-ce

qui ignore que toute combinaifon fuppofe
deux ou plufieurs fubftances combinées
enfemble, & que l'unité feule & unique
n'admet aucune combinaifon qu'on approprie ? Qu'on divife ce même lingot d'or
tant qu'on voudra, qu'on le fonde, qu'on
le diffolve, qu'on le réduife à fes principes élémentaires, qu'on les réuniffe &
les recombine de telle maniere qu'on jugera
à propos ; je foutiens que tant qu'on n'y
ajoutera point quelque fubftance étrangere
à l'or, ou qu'on n'y fupprimera pas quelqu'un de fes principes, ce fera toujours
de l'or. Je foufcrirai bien moins encore
au fentiment d'un célèbre Naturalifte
(Henkel) qui, pour fe débarraffer de
cette difficulté qu'il connoiffoit fans doute, eft tombé dans une erreur, bien
moins admiffible, en foutenant que la
même matiere, en paffant d'un compofé
dans un autre, change effentiellement de
nature, & que dans le fecond ce n'eft plus
la même matiere qui étoit dans le premier.
*Les matieres qui forment les vins, ne font
plus les mêmes que celles qui formoient
les moûts.* Ce font fes propres termes.
J'euffe préféré de dire que les fels volatils
qui donnent au moût le goût doucereux,
s'étant diffipés par la fermention, il n'a

refté que les fubftances propres à la conftitution du vin ; mais ce Savant n'a pas
fait attention que cette affertion renferme un fait également abfurde & impoffible. Je veux dire la tranffubftantiation
phyfique des corps & même de leurs
principes élémentaires. Grand Dieu ! fi
ce fait avoit lieu, que d'adeptes ou de
fous au comble de leurs vœux ! Mais
malheureufement ces fortes de méta-
morphofes ne font pas dans l'ordre des
phénomènes phyfiques. Illuftres Savans !
fi c'eft là votre phyfique, la mienne, plus
fimple & plus conforme à tout ce qu'elle me met journellement fous les yeux,
me dit & m'affure qu'il y a dans la nature un très-grand nombre de fubftances
différentes, toutes primitives ; qu'elles
ont toutes différens degrés d'affinité ou
d'aptitude à s'unir, les unes plutôt que
les autres, & que c'eft de ces différens
degrés d'affinité, que dépend la variété
infinie de tous les mixtes qui en ré-
fultent.

Quant à la matiere active, le fait paroît hors de doute ; car les différentes
fenfations de couleurs qu'elle nous caufe,
prouvent inconteftablement que les atômes qui compofent ce fluide ne font pas

de

de même nature ; ceux qui paroissent rouges sont certainement différens de ceux qui paroissent jaunes , & ainsi des autres ; & ceci est confirmé , par leurs différens degrés de refrangibilité, à l'égard de la matiere passive. L'Analyse nous démontre qu'elle est composée d'un grand nombre de substances différentes ; & quant à leurs différens degrés d'affinité , c'est un fait constaté par l'expérience. Pour rendre ceci plus sensible , supposons que les molécules de la matiere active sont désignées par les lettres majuscules A. B. C. D. &c. , & que celles de la matiere passive sont exprimées par les lettres *a. b. c. d.* &c. : concevons en même tems que les atômes A ont plus d'affinité avec les molécules *a* , qu'avec les molécules *b* ; & plus d'affinité avec ceux-ci, qu'avec les molécules *c* ; & ainsi de suite, que les atômes B ont plus d'affinité avec les molécules *b* , qu'avec les molécules *a* & *c*, ce qu'on peut exprimer de cette maniere $\frac{A\ B\ C\ D}{a\ b\ c\ d}$ &c. , qui fait voir tout d'un coup l'énergie des différens degrés d'affinité qu'ont entre elles les différentes substances qui composent la masse totale de la matiere.

Tome II.   D

Il eſt encore bon d'être prévenu d'un fait que l'expérience ſemble confirmer : c'eſt que les atômes A ne peuvent s'unir & ſe combiner avec les molécules *a* & *b*, que juſqu'à un certain nombre, après lequel cette union n'a plus lieu ; c'eſt ce que les Chymiſtes appellent *point de ſaturation* : mais ſi après que les atômes A ſe ſeroient ſaturés des molécules *b*, ils venoient à rencontrer ſur leur route des molécules *a*, ils abandonneroient les molécules *b*, pour s'unir & ſe ſaturer de ces derniers, à cauſe de leur plus grande affinité avec ceuxci, qu'avec les molécules *b*, dont ils s'étoient d'abord ſaiſis, & ainſi de tous les autres.

Nous ſentons qu'une grande partie de nos Lecteurs trouveront ces détails, & ſur-tout celui dans lequel nous allons entrer, comme étrangers à la queſtion que nous avons en vue (la formation des minéraux) ; mais ils ſentiront comme nous, par tout ce que nous dirons ciaprès, que c'eſt de ces vérités primitives, de cette chaîne de principes dont nous parlions plus haut, & qui lie tous les êtres de la nature, que dépend l'explication de tous les phénomènes, lorſqu'il s'agit de remonter juſqu'à leur ſource, & en connoître la véritable cauſe.

Pour nous rendre un peu plus intelligible dans tout ce que nous allons avancer fur la maniere dont la matiere active agit fur la matiere paffive, & fur le progrès & la marche de la nature dans la formation des êtres , nous confidérerons la matiere en général , tant active que paffive , telle qu'elle a dû être au premier inftant qu'elle fortit des mains du créateur , & avant qu'elle eût reçu aucune combinaifon, c'eft-à-dire avant la formation des corps qui compofent l'univers. Dans cet état, nous ne pouvons concevoir les atômes primitifs qui en fefoient la fubftance, que comme ifolés & répandus confufément dans un vafte efpace, à des diftances indéfinies les uns des autres; en un mot, comme un mêlange confus de toutes les fubftances qui compofent l'univers. Cette idée convient parfaitement à l'expreffion du tefte hébreu, *Tou vau hau bau* , c'eft-à-dire informe & indéfiniffable, ainfi qu'au texte grec *Chaos*, confufion où l'on ne peut rien connoître : M. Henkel a traduit ce paffage tant grec qu'hébreu , par ces mots d'*inaniffima vaftitas* ; mais cette expreffion ne convient qu'au mot *Ereb nox atra*. Suivant l'interprétation d'Ariftophane, il ne peut être appliqué qu'à l'espace simple avant le tems de la création : or l'espace n'étant rien, n'a pu être créé, & la saine physique ne va pas jusques-là.

Maintenant quelque énorme que nous supposions la petitesse des atômes ou molécules de la matiere, tant active que passive, nous ne devons pas moins les regarder comme de véritables corps, & comme doués de toutes les propriétés des grands corps qu'ils forment par leur combinaison & leur assemblage. Cela posé, supposons que deux molécules A & B, isolées dans l'espace, & dont A appartienne à la matiere active, & B à la matiere passive; que A *(fig.* 1. *)* en vertu de son mouvement inné, se meuve de A en E sur la ligne AD, & aille choquer la molécule B, de maniere que le choc passe par le centre de gravité des deux molécules. (Pour simplifier ce calcul, nous supposerons toujours les masses des molécules égales, afin de n'avoir égard qu'aux vîtesses.) Dans ce cas, il y a deux forces à considérer. La premiere est la force motrice de la molécule A ; la seconde, la force d'inertie de la molécule B, & ces deux forces sont chacune inhérente à leur propre molécule ; c'est-à-dire qu'el-

les font indeſtructibles, ſoit que ces molécules ſoient en mouvement ou en repos;
car ſi elles ſont en mouvement, la force
motrice de la molécule A agit continuellement ſur la molécule B; & la force d'inertie de celui-ci agit toujours contre la force
motrice, pour ne pas paſſer d'une vîteſſe,
par exemple, égale à un, à une vîteſſe égale
à deux; en ſorte qu'il faut autant de force
motrice pour faire paſſer la molécule B
d'une vîteſſe égale à deux, qu'il en a fallu
pour la faire paſſer de l'état de repos à une
vîteſſe égale à un, & c'eſt en quoi conſiſte
la loi du mouvement uniforme.

Il y a ici trois obſervations à faire ſur
ces deux forces, ſavoir, ou la force motrice de la molécule active A eſt ſupérieure
à la force d'inertie de la molécule paſſive
B, ou elle lui eſt égale, ou enfin elle lui
eſt inférieure. Jettons un coup d'œil ſur
ces trois cas, & voyons ce qu'il en
peut réſulter.

Dans les deux derniers cas, il y aura
ceſſation de mouvement ; mais ſi la force motrice du mobile A eſt ſupérieure à
la force d'inertie de la molécule B, il y
aura mouvement après le choc : ſuppoſons que la force motrice de A ſoit de
quatre degrés, & la force d'inertie de

D 3

B foit de deux degrés de réfiftance ; dans ce cas, le mobile A, en choquant la molécule B, perdra deux degrés de vîteffe, qui feront équilibre à la force d'inertie de la molécule B, & les deux molécules fe mouvront après le choc, avec deux degrés de vîteffe feulement.

Remarquons ici que c'eft à ce premier inftant de rencontre des deux molécules, que la tendence réciproque de l'une envers l'autre, c'eft-à-dire la force attractive, commence à faire fes fonctions & à fe faire fentir, & c'eft ici le premier degré de combinaifon des corps ; & par-là les deux molécules ne font plus qu'un corps, qui, dans la fuppofition précédente, fe meut, comme nous avons dit, avec deux degrés de vîteffe.

Si pendant que ce petit mobile commence & fe meut avec deux degrés de vîteffe, il rencontre fur fa direction une autre molécule de matiere paffive en C, dont la force d'inertie foit égale à celle de la molécule B, la maffe totale ou le corps compofé de trois molécules, fe mouvra encore après le choc, avec deux degrés de vîteffe, la raifon de cela eft qu'ici la force d'inertie de la molécule B en mouvement devient une force active;

d'ailleurs, il y a ici deux de maffe & deux de vîteffe dans les deux premieres molécules A & B ; & comme les forces font comme les maffes multipliées par les vîteffes, les forces de ces deux molécules font, par la fuppofition, égales à quatre ; & comme nous fuppofons la force d'inertie de la molécule C égale à deux, cette force abforbera la moitié de celles des deux autres, & le mobile continuera fa route avec deux degrés de vîteffe & trois de maffe, égal à fix de force.

Mais fi, après tout cela, ce mobile rencontroit en D une quatrieme molécule paffive, mais d'une fubftance différente, & qui, fous un volume égal, renfermât une maffe triple de l'un des autres, fon inertie proportionnelle à fa maffe feroit alors égale à fix, puifque nous avons fuppofé l'inertie de chacun des autres, égale à deux, & la force du premier mobile égale à fix ; pour lors il y auroit équilibre, & le mobile, compofé de tous fes molécules, s'arrêteroit. Ce qu'il y a de fingulier dans ce cas, c'eft qu'alors la force d'inertie, qui avant ce dernier choc étoit active, devient paffive par le choc qui lui fait perdre toute fon activité. La raifon de ce fait eft, que dans le mouve-

ment cette force s'oppose & agit contre
les obstacles qui arrêtent le mobile, &
que dans le repos elle s'oppose à la force
qui le met en mouvement.

Il y aura par conséquent alors deux
degrés d'inertie ou de résistance, & quatre degrés de force motrice que la molécule active A conserve toujours, & avec
lesquels elle presse continuellement les
trois molécules passives BCD.

Que ce corps ainsi en repos soit atteint
par deux autres molécules actives, semblables à la molécule A, il y aura alors
trois degrès de masse active, qui, mul-
tipliés par quatre de vîtesse, donnent une
force motrice égale à douze ; & comme
il n'y a que dix de résistance, le corps se
mouvra de nouveau avec deux degrés de
vîtesse ; & pour lors la petite masse totale
sera égale à onze, savoir, trois molécules
passives dont la masse est égale à huit &
trois molécules actives qui forment onze
de masse, laquelle, multipliée par deux
de vîtesse, produit une force égale à vingt-
deux.

Nous ne porterons pas plus loin cette
progression, qui est trop évidente pour
exiger une plus longue digression. On
sent d'ailleurs combien de différens cas

& de différentes combinaisons ont dû résulter du nombre prodigieux de substances de toute espèce qui composoit ce fluide immense, connu sous le nom de *chaos*, & dont le détail excéderoit tout-à-la-fois & nos forces & les bornes prescrites dans ce Discours.

Tel a dû être, au moment de la création, le principe des combinaisons des substances qui formoient la masse de la matiere d'où résulterent tous les corps de l'univers. Tel a dû être le principe de leur mouvement, & enfin celui de la conservation des forces motrices.

Avant d'aller plus loin, il est bon de répondre ici à une difficulté qu'on ne manqueroit pas de nous faire. On nous dira que si les substances de la matiere se font ainsi combinées & réunies en vertu d'une force attractive répandue dans toute la nature, cette force n'a pu que réduire toutes ces substances en un seul corps, & qu'au lieu de soleil, de planetes, de satellites, de cometes, &c., il n'y auroit qu'un corps immense qui renfermeroit toute la matiere de l'univers.

Je réponds que l'objection seroit sans replique, si la force attractive étoit uniforme & constante, & qu'elle agît également

ment fur toutes les fubftances de la matiere; mais nous avons vu, & l'expérience le démontre, qu'il y a des fubftances
qui s'attirent avec beaucoup de force,
pendant que d'autres ne s'attirent que
foiblement; il y en a même qui femblent
fe refufer à cette tendence, pendant
qu'elles fe portent avec force vers d'autres fubftances différentes : c'eft à ces
différentes propriétés que les Phyficiens
ont donné le nom de *degrés d'affinité*,
comme nous l'avons dit précédemment.

Pour mettre tout ceci à la portée de
chacun, fuppofons qu'une molécule de
matiere A, a de l'affinité avec les molécules *b. c. d.*, avec cette différence qu'elle
en a plus avec la molécule *b*, qu'avec la
molécule *c*; & plus avec la molécule *c*,
qu'avec la molécule *d*. Cela pofé, fuppofons que la molécule A en mouvement,
paffe dans le voifinage de la molécule *d*,
avec laquelle elle a le moins d'affinité,
elle s'y unira; mais fi ces deux molécules en mouvement, rencontrent la molécule *c*, pour lors la molécule A abandonne la molécule *d*, & s'unit à la molécule *c*, avec laquelle elle a plus d'affinité qu'avec *d*. Si enfuite les molécules A*c*
paffent au près de la molécule *b*, la mo-

-lécule A quittera alors la molécule *c*, pour s'unir avec la molécule *b*, qui eft celle avec laquelle elle a plus d'affinité, & qu'elle n'abandonnera plus pour s'unir à d'autres.

Ce que nous venons de dire à l'occafion de la molécule A peut être appliqué à tous les atômes ou molécules fans exception qui compofoient la maffe totale du chaos au moment de la création : & comme nous avons fuppofé toutes ces fubftances ifolées & dans une efpéce d'état de fluidité, elles ont eu toute la facilité de fuivre leurs différens degrés d'affinité en fe réuniffant, & conféquemment il n'a pu refulter de ces agrégations & combinaifons, que des corps ifolés, tous compofés de leurs fubftances propres & analogues ; & cela paroît d'autant plus vrai, qu'il eft très-aifé de démontrer dans toute rigueur mathématique, que les planetes qui compofent notre fyftême folaire font toutes formées par des fubftances d'une nature différente ; que la matiere qui compofe notre globe terreftre n'eft pas la même que celle qui compofe Jupiter ; que celle qui compofe Jupiter n'eft pas la même que celle qui compofe Saturne, & ainfi des autres.

Nous donnerions volontiers ici cette démonſtration ; mais elle nous écarteroit trop de notre objet. Nous dirons ſeulement, pour cela, qu'il n'y a qu'à comparer leurs forces normales & leurs gravitations vers le ſoleil, reduites à égales diſtances de cet aſtre.

On nous dira encore : (car il faut répondre à tout) on nous dira, dis-je, qu'on ne ſauroit diſconvenir que les étoiles fixes dont notre ſoleil eſt du nombre, ne ſoient toutes formées par une matiere ſemblable & analogue ; & qu'ainſi, par les raiſons ci-deſſus alléguées, il n'y auroit qu'un ſeul de ces aſtres, qui contiendroit toute la matiere des autres.

Je conviens que la matiere qui a formé les étoiles, eſt, & à dû être la même que celle qui compoſe notre ſoleil, qui eſt lui-même une étoile fixe ; mais ſi on fait attention à la diſtance immenſe où ces aſtres ſont les uns des autres, on ne ſera point étonné que pendant que l'un ſe formoit dans un coin de l'eſpace énorme qu'occupoit la matiere au premier inſtant de ſon exiſtence, il s'en ſoit formé d'autres à des diſtances telles que leur gravitation réciproque ait été preſque nulle. Si on ajoute à cette refléxion celle du mouvement où tous ces corps ont été dans le tems même de la formation , on verra qu'il n'étoit pas poſſible que ces ſubſtances , quoiqu'analogues , puſſent ſe réunir en un ſeul corps. Il y a d'ailleurs dans le ſyſtême général de l'univers un mouvement qui date de ce premier tems, & qui, quoique peu connu, ne maintient pas moins en équilibre toutes les parties de cette grande machine.

Nous voyons déjà , par ce léger ex-poſé , comment tous ces grands corps ont pu être formés , & comment ils ont pu & peuvent ſe mouvoir par un mouve-ment progreſſif en ligne droite, en vertu de l'action de la matiere active : encore un moment d'attention , & nous verrons bien-tôt comment peuvent naître les mouvemens compoſés.

Reprenons pour cet effet notre corps D , que nous avons laiſſé avec onze degrés de maſſe & deux de vîteſſe ; & concevons que pendant qu'il ſe meut ainſi en ligne droite dans l'eſpace immenſe du chaos , il augmente ſucceſſivement ſa maſſe , en conſervant toujours ſa vîteſſe initiale par l'addition ſucceſſive & proportionnelle de molécules de matiere active & paſſive.

Dans cette ſuppoſition qui eſt toute

naturelle, il eſt évident qu'à meſure que la maſſe de ce mobile a augmenté, ſa for- ce attractive a dû augmenter à propor- tion, car la gravitation ou attraction ré- ciproque des corps eſt en raiſon directe de leurs maſſes : mais comme la ſphère d'activité de cette force attractive s'étend beaucoup au delà de la ſurface de ces mê- mes corps, tous les autres corps qui ſe ren- contrent dans cette ſphère d'activité ſont plus ou moins attirés, & cela en raiſon directe de leurs maſſes, & inverſe des quarrés des diſtances.

D'après cette loi généralement recon- nue, concevons que le mobile D a acquis une maſſe & un volume quelconque E, (*fig.* 2.) & que ſa force attractive s'étend juſqu'à la ſphère F dans cet état : puiſque nous ſuppoſons au mobile E une vîteſſe égale à deux ſuivant la ligne KL, il eſt évi- dent que la force active qui l'anime eſt égale à ſa force d'inertie plus deux ; & en faiſant abſtraction de ces deux degrés de vîteſſe, on aura la force active qui preſ- ſe le mobile pour augmenter ſon mouve- ment, égale à la force d'inertie qui s'oppo- ſe à cette augmentation ; c'eſt-à-dire que ces deux forces ſont en équilibre, & que pour déterminer le mobile à prendre un

autre mouvement qui ne foit pas contraire au premier, il ne faut qu'un très-léger
degré de force. Cela étant ; fuppofons
qu'un petit mobile G, qui ne commence
que de fe former, fe meuve de G vers I,
& paffe par la fphère d'activité du mobile E, de G en H, avec une vîteffe égale
à quatre : Il arrive pour lors que ce petit
mobile parvenu en G, fe trouvera expofé à deux forces : la première eft fa force
initiale, en vertu de laquelle il fe meut de
G en H : la feconde eft la force attractive
du corps E, qui l'oblige de fe détourner
de G vers E. Or il eft démontré par les
loix connues du mouvement, que fi la
force attractive eft capable de faire parcourir au mobile G la ligne HM pendant
le tems qu'il parcourt la ligne GH, en vertu de fa force initiale, ce corps tombera
en M au bout dudit tems, c'eft-à-dire
qu'il viendra s'appliquer fur la furface du
mobile E, après avoir parcouru la courbe diagonale GM, par un mouvement ac-
céléré.

Ici le cops G, en contact avec le corps
E, ne peut plus s'en féparer que par une
force fupérieure à la force attractive : d'un
autre côté, cette force devenant perpen-
diculaire à la force projectile du corps G,

n'en diminue point l'énergie, elle ne fait que le retenir au point M, ainsi toute la force projectile du corps G, tend à se porter le long de la tangente MN; mais comme il est retenu au point M, elle le forcera à décrire la courbe MO, & forcera le mobile E de tourner sur son axe au point E, sans déranger son mouvement de K en L. C'est ainsi que tous les corps qui se trouvent dans l'intérieur, & sur-tout proche de la surface de la terre, obligent cette planete de tourner sur son axe, sans apporter aucun obstacle au mouvement qu'elle a sur son orbite autour du soleil; & c'est là l'origine & la cause physique du mouvement de rotation de tous les corps célestes sur leurs axes : car tout ce que nous venons de dire des corps EG, doit avoir eu lieu dans la formation de tous les corps qui composent l'univers.

Il y a plus ; c'est qu'à prendre les choses d'un peu loin, c'est-à-dire au premier instant que les molécules de la matiere ont commencé à s'unir & à se combiner, il n'y a eu que les chocs directs, c'est-à-dire ceux dont la direction a passé par le centre de gravité des mobiles, comme nous l'avons observé précédemment,

qui

qui ayent pu procurer un mouvement
en ligne droite, au lieu que tous les
chocs obliques ont tous concouru au
mouvement de rotation des mobiles fur
leurs axes ; ainfi à mefure que tous les
grands corps de l'univers fe font formés,
ils ont acquis tout à la fois un mouvement de projection & un mouvement de
rotation fur leurs axes, & c'eft auffi ce
que nous obfervons dans tous ceux qui
font à portée d'être obfervés.

Il nous refte maintenant à expliquer
comment nous pouvons déduire de cette
théôrie le mouvement d'un corps qui décrit une orbite quelconque, autour d'une
autre vers laquelle il gravite.

Deux mots fuffiroient pour rendre
compte de cette queftion ; mais il faut
fe rendre intelligible ; pour cet effet, il
eft bon de fe rappeller ce que nous avons
déjà obfervé ci-devant, qui eft, que parmi les fubftances qui compofent la matiere en général, il exifte une propriété,
une force d'analogie en vertu de laquelle
les uns s'attirent, s'uniffent & fe combinent avec la plus grande facilité, pendant que d'autres ne fe prêtent que foiblement à cette combinaifon ; de cette

Tome II. E

propriété je déduis les conféquences fuivantes.

1°. Les fubftances paffives qui ont eu le plus d'affinité avec la matière active, font celles qui ont dû en abforber le plus, toutes chofes d'ailleurs égales ; & ce font celles qui ont dû les premières fe réunir en corps, à caufe de la grande tendence de la matière active vers ces fubftances : c'eft de ces premières combinaifons, qu'ont dû fe former tous les corps lumineux ; tels que le foleil & les étoiles fixes, que nous pouvons regarder comme autant de foleils femblables au nôtre ; & comme c'eft dans la matiere active que réfide toute la force en vertu de laquelle tous les corps gravitent, ou s'attirent les uns vers les autres : ces corps lumineux, compofés en grande partie de cette matière, ont dû agir fur les corps opaques, ou d'une autre nature, qui fe formoient autour d'eux, ou dans la fphère de leur activité, & les attirer plus ou moins, fuivant l'énergie de la force initiale & projectile de ces derniers; d'où il réfulte que tous ces foleils doivent avoir leurs planetes, leurs fatellites, &c. comme le nôtre, puifqu'ils ont tous puifé dans le même magafin, je veux di-

re *le cahos*, ou amas immenfe de la matière créé ; c'eft du moins l'idée que nous en
fournit l'analogie.

2°. Plus un corps quelconque a reçu
de matiere active dans le tems de fa formation, plus fa vîteffe, initiale & projectile, a dû être grande ; & plus la vîteffe initiale ou projectile du corps, qui
tourne autour d'un autre, vers lequel il
gravite, a été grande, plus l'orbite qu'il
décrit fera éloignée du centre de gravitation : rendons ce Théorême fenfible.

Soit le corps A, qui, par fon mouvement uniforme de B en D, entre dans
la fphère d'attraction du corps C, & que,
parvenu en A, fa force projectile ou tangentile fe trouve en équilibre avec la
force normale ou attractive vers C, de
maniere que pendant que la force tangentile lui feroit parcourir la ligne AD,
la force normale le ramene fucceffivement vers M ; en forte que les diftances
CA, CM foient égales : il eft évident
que, dans ce cas, le mobile A décrira,
autour du corps C, le cercle AE, FG,
à caufe de l'équilibre des forces qui l'a-
niment.

Mais fi la force tangentile au point A,

eſt plus forte que la force normale, &
que pendant que la force projectile fait
parcourir au corps A la ligne AD, la force normale ne le ramene qu'en H; de
maniere que le rayon HG ſoit plus grand
que le rayon AC : le corps A, dans ce cas,
continuera de s'éloigner de C, & décrira, en vertu de ces forces, la courbe
excentrique AIK, juſqu'à ce qu'enfin la
force normale, devenant plus forte que
la force tangentile, le ramene de K en L,
& lui faſſe parcourir la courbe KLA,
ſemblable à la courbe KIA; & alors le
mobile, au lieu de décrire un cercle, décrira une ellipſe.

Quant à ce que la force normale devient
alternativement plus grande ou plus petite
que la force tangentile, c'eſt que la première augmente ou diminue en raiſon inverſe
des quarrés des diſtances, & que la dernière augmente ou diminue en raiſon inverſe des cubes de ces mêmes diſtances.
Il arrive de cette différence, que, dans
l'abſide ſupérieure K, c'eſt-à-dire lorſque
le mobile eſt le plus éloigné du foyer de
l'orbite, la force normale l'emporte ſur
la force tangentile, & que le contraire
arrive dans l'abſide inférieur A.

Donc, plus la vîteſſe initiale du mobile

A fera grande, relativement à la force attractive du corps C, plus cette dernière force employera de tems à la diminuer & à la ramener au point de l'abfide, où l'action des deux forces deviennent perpendiculaires l'une à l'autre ; & plus, par conféquent, le mobile employera de tems à s'éloigner du point C, avant que de parvenir à l'abfide, & plus l'orbite fera grande.

D'où l'on voit que les différentes diftances des planetes au foleil, dépendent de leur conftitution primitive ; & que plus elles renferment de matiere active ou ignée dans la combinaifon des fubftances dont elles font compofées, plus elles doivent fe trouver éloignées dans les orbites qu'elles décrivent autour de cet aftre, & plus leur mouvement de rotation, fur leur axe, doit être rapide ; ce qui eft conforme aux Obfervations.

Telle eft l'idée que nous devons nous former, tant fur l'origine & la formation des grands corps qui exiftent dans l'univers, que fur les principes des forces qui les animent, idée qui émane immédiatement, & qui eft une fuite néceffaire des propriétés de la matière & des différentes fubftances qui en forment la

E 3

maffe générale ; idée qui met dans le plus grand jour, le principe confervateur des forces & du mouvement ; idée qui nous met à portée d'expliquer, avec la plus grande facilité, tous les phénomènes de la nature, & nous exempte de recourir à tous ces fyftêmes, qui n'ont de réel que la fécondité des génies qui les enfantent; idée enfin tout-à-la-fois conforme à ce que nous lifons dans les Livres faints, & aux fages Loix que le Créateur paroît s'être impofées, lors de la formation des êtres.

Terminons nos recherches dans ces efpaces immenfes qui nous écarteroient trop de l'objet qui nous occupe ; rapprochons-nous de ce petit coin de l'Univers que la providence divine nous a donné pour demeure, & voyons comment la formation fucceffive & journalière des minéraux, dérive immédiatement de ces principes & de cette conftitution primordiale des êtres.

Après qu'au tems de la création tous les êtres furent formés par la combinaifon de la matière active avec la matière paffive, & que toute cette dernière fut employée à ce grand ouvrage, il en refta affez de la première, pour échauffer &

éclairer ces mêmes êtres ou cet univers;
ceci n'eſt point une ſuppoſition, mais un
fait : or notre terre, tournant autour du
ſoleil, reçoit à chaque inſtant ſon con-
tingent de ce reſte, ou de cette munifi-
cence d'un bien créateur.

Afin de ne pas trop diſtraire le Lecteur,
je donnerai déſormais le nom de *lumière* à la
matière active, puiſque c'eſt en effet cette même matière qui forme en nous cette ſenſation que nous appellons lumière.
Voyons maintenant quels peuvent être les
effets de ce fluide que le ſoleil darde
continuellement ſur notre globe. Je me
ſers du mot *darder*, quoique je ſois fort
éloigné de croire que le ſoleil lance la
lumière, comme un arc lance une flèche :
Je penſe au contraire qu'elle nous vient
par une ſimple émiſſion, comme une
pluie inſenſible, dont les molécules ſe
ſuccédent avec rapidité dans des diſtances imperceptibles, quoiqu'ils ſe ſuivent
les uns les autres à des diſtances con-
ſidérables.

Ces molécules viennent depuis le ſoleil, juſques dans le voiſinage de la terre T, *(fig. 4.)* par des routes preſque
parallèles DBEC; mais parvenues à une
modique diſtance de la terre, elles ſont

attirées par la maſſe de ce globe, & s'in-
fléchiſſent vers F G juſqu'à la ſurface de
l'athmoſphère FGH, où elles ſubiſſent
encore, en traverſant la maſſe de l'air,
une ſeconde infléxion ou refraction qui
les amene en I K, ſur la ſurface du
globe.

Les molécules de la lumière, en traverſant la maſſe de l'athmoſphère, ſe
combinent avec une infinité de ſubſtances différentes qui y ſont répandues, &
avec leſquelles elles ont une parfaite
analogie, & arrivent ſur la ſurface de la
terre, dans cet état de combinaiſon; &
c'eſt là ce qui augmente l'intenſité & la
chaleur de la lumiere; car il s'en faut
bien, toutes choſes d'ailleurs égales,
que la lumière ſoit auſſi forte à la ſurface de l'athmoſphère, qu'elle l'eſt à la
ſurface de la terre; & il ne faut pas même s'élever à de grandes hauteurs, pour
y appercevoir une différence conſidérable.

J'ai remarqué, plus d'une fois, au
ſommet des Alpes & des Pyrénées, que
dans les beaux jours d'été, la lumière y
eſt beaucoup moindre & plus foible qu'à
leur pied; & je ne ſerois pas fort éloigné
de ſouſcrire au ſentiment de quelques Sa-

vans , qui ont penfé qu'on fe trouveroit
dans les ténébres à l'extrêmité de l'athmofphère , parce que la lumiere y doit
être trop foible , pour faire une impreffion fenfible fur les organes de la vue.
Quant à la chaleur , il n'y a pas d'initié
en Phyfique , qui ne fache qu'elle diminue très-rapidement , à mefure qu'on l'é-
lève à de plus grandes hauteurs ; & il
eft conftant qu'à l'extrêmité de l'athmofphère le froid doit être énorme en tout
tems. Nous dirons à cette occafion , que
fi le célébre Newton, au lieu de prendre
pour donnée de fon calcul , la chaleur
que nous fentons par un beau jour d'été
à la furface de notre globe , avoit pris ,
comme il le devoit , celle qui règne à la
furface de fon athmofphère , il auroit vu
de combien de miliers de fois il s'en faut
que la comete de 1680 ait fubi à fon pé-
rihélie , le degré de chaleur qu'il a déterminé par un calcul fondé fur une fauffe
pofition.

Il eft également conftant que fi Mercure n'a point d'athmofphère , comme il
y a lieu de le préfumer , la chaleur qu'on
reffentiroit à la furface , n'excéde pas celle qu'on fent fur la terre , vers la zone
torride.

Le fluide de la lumière parvenu à la surface de la terre, une partie eſt reflé-chie & renvoyée vers l'athmoſphère par la partie ſolide du globe ; & à meſure qu'elle s'élève, elle ſe dépouille ſuccef-fivement de différentes ſubſtances avec leſquelles elle s'étoit combinée, & qui rentrent dans la maſſe de l'air par leur condenſation. C'eſt cette partie de lumiè-re refléchie qui feroit voir la terre éclai-rée à un Obſervateur, placé ſur la ſur-face de la lune, tout comme nous voyons cette dernière planette.

Une autre partie de la lumière s'inſinue dans les porres de la terre, & de cette derniere, une portion ne pénétre pas bien avant, parce qu'elle ſe combine avec pluſieurs ſubſtances aqueuſes, huileuſes, ſa-lines, &c. qui l'empêchent de pénétrer plus loin, & qu'elle ramene vers la ſurface, pour porter la ſéve & ſervir de nourriture aux végétaux & conſéquemment aux ani-maux. L'autre portion ſe porte ſucceſſi-vement au travers des porres de la maſ-ſe terreſtre, & pénétre juſqu'au centre de cette planete ; c'eſt à cette derniere portion ſeule que nous aurons déſormais égard.

Le fluide de la lumière, en paſſant au

travers de l'athmofphère, acquiert, par fa combinaifon avec différentes fubftances, toutes les propriétés de la matière du feu. Nous ne l'envifagerons plus que comme la matière de cet élément ; ainfi cette matière, que nous avons d'abord appellée matière active, devient, en traverfant l'athmofphère, tout-à-la-fois matière de la lumiere & matière du feu. M. l'Abbé Nolet regarde avec raifon cette même matière comme la matière électrique, & il prouve, par des expériences exactes, que cette matière entraîne avec elle des particules des corps au travers defquels elle paffe. Cette matière exifte dans tous les corps, en forte qu'on peut dire qu'il y a un feu fixe ; avec cette circonftance cependant, que quelque part qu'il foit fixé, il fait toujours effort pour fe dégager, femblable à un reffort tendu, qui n'attend que la liberté pour fe détendre.

Nous ne pouvons plus fuivre la route que tient la matière du feu, en pénétrant la maffe de la terre, cette maffe, n'étant perméable que par fes porres, offre à cette matière des routes bien différentes de celles d'un fluide homogène & diaphane ; on fait d'ailleurs que ce globe eft

compofé d'un nombre prodigieux de foffiles , qui tous différent entre eux par
la nature de leurs fubftances , par leurs
différentes combinaifons ; leurs denfités
&c. toutes circonftances qui varient à
l'infini la configuration de leurs porres,
& conféquemment les routes que la matière du feu doit fuivre pour les pénétrer; tout ce qu'on peut dire , c'eft que
cette matière , fujette plus qu'une autre
aux loix de la gravitation ou de l'attraction, doit naturellement tendre à fe porter vers les régions centrales du globe,
& y occuper cet efpace auquel on a
donné le nom de *région de feu central.*

Bien des perfonnes fe perfuaderont difficilement qu'une partie de la matière de
la lumière qui nous éclaire & nous échauf-
fe à la furface de la terre, puiffe fe porter vers fon centre, & traverfer par là
une maffe folide de près de quinze cens
lieues; mais nous allons prouver que non
feulement cela eft très-poffible, mais encore très-réel.

Quant à la poffibilité , je fupplie le
Lecteur de faire attention que les porres
des corps les plus durs & les plus compactes font beaucoup plus grand que les

molécules qui compofent la matière du feu ; ce qui eft d'autant plus certain que nous ne connoiffons aucun corps dans la nature, que le feu ne pénétre avec la plus grande facilité , & qu'ainfi la maffe folide de la terre n'eft à l'égard de la matière du feu , qu'un crible qui n'oppofe aucune réfiftance à fon paffage. Si on ajoute à cette refléxion que le propre du feu eft de fe mouvoir en tout fens , non feulement au travers des routes qui fe préfentent devant lui, mais encore de fe frayer avec force un paffage au travers des milieux qui s'oppofent à fon mouvement, on verra que fon trajet , de la furface de la terre jufqu'à fon centre , n'eft rien moins qu'impoffible , & qu'il s'exécute au contraire avec la plus grande aifance.

A l'égard de la réalité du fait , perfonne n'ignore qu'il s'élève continuellement fur tous les points de la furface de la terre , une quantité prodigieufe d'exhalaifons ou vapeurs très-fenfibles , & l'on ne fauroit difconvenir que ces vapeurs ne foient compofées de fubftances qui appartiennent à la maffe de la terre, & qui en font détachées par un agent quelconque , qui les élève au deffus de la furface , & les tranfporte dans l'athmof-

phère , qui n'eft lui-même compofé que
de ces matières. On fait encore que ces
vapeurs font d'autant plus abondantes,
qu'on defcend à de plus grandes profondeurs dans l'intérieur de la terre : Or il
eft impoffible qu'il fe foit continuellement
élevé une fi grande quantité de vapeurs,
depuis que la terre exifte , fans que d'un
côté la plus grande partie de fa maffe
n'ait été réduite en vapeur , & fans que
d'un autre côté l'athmofphère eût acquis
une denfité capable de nous intercepter
toute lumière , & d'étouffer tout être
vivant. Un fimple calcul démontreroit ces
deux faits ; mais puifque cela n'eft pas, il
faut donc de toute néceffité , qu'à mefure que ces matières font détachées de
l'intérieur de la terre par un agent, il y
en ait un autre qui les y ramene fucceffivement ; & ce fait eft conftaté par ce
mouvement inteftin que nous remarquons
tant dans fon intérieur qu'à fa furface :
Or pour opérer ces viciffitudes fucceffi-
ves , nous ne connoiffons d'autre agent
dans la nature , que la matière du feu.
Il eft donc de toute vérité qu'il exifte
deux courans de cette matière ; l'un qui
fe porte de la furface de la terre vers fes
régions centrales , l'autre qui s'élève de

ces régions vers la furface : l'un qui enlève une infinité de fubftances à la maffe
de la terre, & les charie des régions
centrales vers la furface ; l'autre qui en
ramène autant des régions voifines de la
furface vers le centre, pour remplacer les
premières, à mefure qu'elles font enlevées ; & c'eft de cette efpéce de circulation, que dépendent tous les phénomènes que nous obfervons, tant à l'intérieur qu'à la furface de la terre.

Au furplus, il ne faut pas regarder
cette circulation de la matière du feu,
comme des rayons qui fe porteroient en
ligne droite, de la furface au centre, &
du centre à la furface ; tout cela s'exécute au contraire par des mouvemens en
tout fens, & fuivant la difpofition des
porres des différentes matières que ce
feu traverfe.

Mais, nous dira-t-on, com-
ment eft-il poffible qu'il y ait deux courans oppofés de matière de feu, du centre à la furface, & de la furface au centre, fans qu'ils fe détruifent réciproquement, & fans que le mouvement de l'un
n'arrête pas celui de l'eutre ?

C'eft ici la fameufe difficulté qu'on
faifoit au feu Abbé Nollet, fur les af-

fluences & effluences simultanées de la matière électrique, que ce savant Physicien regardoit comme constantes. Je n'ajouterai que les reflexions suivantes, aux réponses victorieuses de cet Académicien.

Il est très-vrai que deux corps solides de même masse & de même vîtesse, qui se rencontrent sur une ligne qui passe par leur centre de gravité, ne se permettent pas de passer outre le point de leur choc. Il est également vrai que si ces deux corps sont parfaitement élastiques, ils retrograderont avec la même vîtesse qu'ils avoient avant le choc, & suivront, en retrogradant, la même route qu'ils tenoient auparavant. Nous ne disconviendrons pas non plus que toutes les molécules élémentaires des fluides, même de celui du feu, ne doivent être regardées comme de véritables corps durs, & même plus ou moins élastiques ; & conséquemment que toutes celles de ces molécules qui se rencontrent sur une ligne qui passe par leur centre de gravité, ne soient forcées de subir la même loi; mais il s'en faut bien que les choses se passent ainsi, lorsque deux masses, ou deux courans de fluide de même nature, se rencontrent,

&

& fur-tout d'un fluide tel que celui du feu.

Dans le cas du choc direct, c'eft-à-dire lorfque le point de contact fe trouve fur la ligne de direction commune des deux mobiles, les deux corps font obligés de rétrograder après le choc, comme nous l'avons obfervé; & c'eft le feul cas où cette rétrogradation peut avoir lieu: dans tous les autres cas poffibles, où les chocs font obliques, les mobiles, au lieu de ré-trograder, s'approcheront au contraire, quoiqu'obliquement, vers l'endroit où leur direction primitive les portoit avant le choc, & cela en raifon inverfe de la grandeur des angles d'incidence de l'ali-gnement de direction fur la tangente, qui paffe par le points de contact; c'eft un fait qu'on démontre tous les jours, d'où l'on voit qu'il n'y a que le choc di-rect qui puiffe s'oppofer à la pénétration de deux courans de fluides oppofés, & que les chocs obliques peuvent à la véri-té rétarder leur mouvement, mais jamais l'anéantir ni les faire rétrograder; & comme dans la poffibilité de la maffe to-tale des chocs, la fomme de ceux qui peuvent être obliques, eft à la fomme de ceux qui peuvent être directs, comme

Tome II.   F

la fomme de tous les points d'un hémif-
phère eft à un ; ils s'en fuit qu'il y a une
infinité de cas qui favorifent cette pénétration contre un qui s'y oppofe.

On fent parfaitement, au fuplus, que
lorfque nous avançons que deux courans
d'un fluide peuvent aifément fe pénétrer,
nous ne prétendons pas dire par là, que
leurs molécules fe pénétrent les uns les
autres ; c'eft-à-dire que leur fubftance folide fe pénétre & fe confonde enfemble,
ce qui eft impoffible : mais nous entendons que leurs molécules à leur rencontre, s'écartent les unes des autres, en vertu de leurs chocs obliques, & fe laiffent
par là un paffage entre eux : ce fait eft
d'expérience ; verfez en même tems dans
une des branches d'un fiphon, de l'eau
claire, & dans l'autre du vin, ou de
l'eau teinte, de manière que ces deux
fubftances fe rencontrent à mi-chemin
au bas du tuyau ; vous verrez dans un
inftant toute l'eau colorée dans les deux
branches, preuve évidente que ces deux
courans fe font pénétrés.

Ajoutons à tout cela que la matière du
feu n'eft point un fluide de la nature des
fluides ordinaires, que fes molécules, de la
plus grande fineffe, doivent être plus ou

moins éloignées les unes des autres, qu'eu
égard à la propriété qu'a cette matière,
d'être toujours en mouvement lorsqu'elle
est libre, sa force impulsive ne perd rien
de son énergie, quelque choc qu'elle
subisse, ou quelque obstacle qu'elle rencontre; qu'elle est en quelque forte comme un ressort infini dont les détentes
momentanées ne lui font rien perdre de
son élasticité; en un mot que cette matière étant inséparable de la force, elle
est à chaque instant en état de produire
le même effort & le même effet qu'elle
a produit l'instant d'auparavant; d'où il
suit que dès que deux courans de ce fluide
se rencontrent & se pénétrent d'une seule ligne de profondeur, ils se pénétreront
à l'infini, parce que la même force sub-
siste toujours; ce qui fait voir qu'il n'y
a rien de moins fondé que l'impossibilité
des affluences & des effluences simultanées de la matière de feu dans un même
corps, ainsi que celle de deux courans
opposés de cette matière dans l'intérieur
de la terre. Revenons aux effets qu'elle
doit produire en circulant dans la masse
du globe terrestre.

Nous avons déjà observé que la matière du feu, c'est-à-dire la matière active,

n'eſt pas compoſées de molécules homogènes, & nous en avons apporté les preu
ves. D'un autre côté, il ne faut que jetter les yeux ſur la ſurface & dans l'intérieur de la terre, pour appercevoir qu'elle
eſt compoſée de ſubſtances hétérogènes
& primitives. Nous ne devons pas non
plus perdre de vue les loix bien conſta-
tées des affinités réciproques, en vertu
deſquelles les molécules de la matière en général s'attirent & s'uniſſent plutôt les unes
que les autres : rappellons-nous, pour cet
effet, ce que nous avons déjà obſervé, &
ſuppoſons, comme nous avons fait, que
les molécules du feu ſont déſignées par
les lettres majuſcules ABCD &c. & que
celles de la matière terreſtre ſont déſignées
par les lettres ſimples *a b c d* ; & conſidé-
rons que plus les lettres ou molécules
du premier ordre ſont éloignées de celles
du ſecond, moins elles ont d'affinité entr'elles ; c'eſt-à-dire que la molécule A a
moins d'affinité avec la molécule *d* qu'avec
la molécule *c*, & ainſi de toutes les autres, ce qu'on peut exprimer de cette
manière $\frac{ABCD}{abcd}$.

Concevons encore que la matière du
feu enlève continuellement un très-grand

nombre de fubftances aux corps qu'elle pénétre, même les plus durs & les plus compactes, tels que les métaux & les pierres ; l'odorat feul nous eft témoin de cette vérité.

D'après ces refléxions , examinons quels peuvent être les effets de l'action & de la circulation de la matière du feu dans le fein de la terre : & pour ne pas confondre les objets , voyons d'abord ce qui peut réfulter du courant affluent , c'eft-à-dire, de celui qui entre par la furface, & fe porte vers les régions centrales.

Il eft d'abord évident qu'à mefure que cette matière pénétre dans la maffe terreftre , fes molécules A venant à rencontrer des atômes terreftres a , elles les faifiront de préférence , & avec force, en vertu de leur affinité ; & fi ces derniers ne tiennent pas à la maffe dont ils font partie , avec une force fupérieure à celle des molécules A, ils en feront arrachés & entraînés par le courant, qui les rapprochera des régions centrales. Si les molécules A, au lieu de rencontrer des atômes a , rencontrent des atômes b, elles les faifiront également, mais avec moins de force que les premiers , & ainfi de fuite , à proportion des degrés d'affinité. Sur quoi il eft bon

de remarquer que lorſqu'une molécule
A, par exemple, a ſaiſi autant d'atômes
abc, qu'elle en a pu prendre, elle ſe trouve
alors dans ce qu'on appelle ſon point de
ſaturation, & elle n'en ſaiſira pas davantage : mais ſi cette molécule A parvient à
ce point de ſaturation avec des atômes
abcd, & qu'elle rencontre dans ſon trajet de nouveaux atômes *a*, elle abandonnera les atômes *d*, c'eſt-à-dire ceux avec
leſquels elle a le moins d'affinité, pour ſai-
ſir ces derniers, & ainſi des autres ; d'où
il ſuit que ſi cette même molécule A rencontre, dans l'étendue de ſon trajet, autant d'atômes *a*, qu'il en faut pour la ſaturer, elle parviendra à la région centrale
du feu dans un point de ſaturation homogène, au lieu que cette ſaturation ſera
hétérogène, ſi elle ſe trouve ſaturée ou
combinée avec des atômes ou ſubſtances
différentes *abcd*, &c.

Il n'eſt pas néceſſaire de prévenir ici
que tout ce que nous venons de dire
des molécules A, doit néceſſairement arriver à toutes les molécules BCD &c.
dont le courant de feu eſt compoſé.

Tels ſont les effets qui doivent naturellement réſulter de l'action de la matière
du feu ſur la matière terreſtre qu'il traverſe

en fe portant de la furface du globe vers fon centre ; effets qui émanent immédia- tement des loix des affinités & des au- tres propriétés que nous connoiffons dans ces deux matières. Voyons maintenant ce qui doit arriver dans la région centrale du feu, à mefure que toutes ces matiè- res y arrivent fucceffivement.

Nous l'avons déjà dit ; nous manquons d'échelles pour defcendre à ces profon- deurs : & il eft plus que probable qu'un Phyficien qui trouveroit le moyen d'y pé- nétrer pour voir & examiner le tout de fes propres yeux, comme le propofoit le Chancelier Bacon, nous diroit adieu pour long-tems. Il faut donc ici que la réfléxion, appuyée fur l'analogie & la faine raifon, fupplée à cette vifite locale & à cet exa- men oculaire. Or il eft d'abord conftant que l'affluence & l'abord de tant de fubf- tances différentes dans cette région, jointes à l'action du feu, ne peut qu'ac- célérer le mouvement inteftin de l'efpéce de fluide ou cahos qui s'y trouve renfer- mé, & ce mouvement en tout fens ne peut qu'atténuer par des chocs & des répercutions, les fubftances terreftres qui y font expofées, & les réduire par là à leur dernier degré de fimplicité élé-

mentaire ; en forte qu'on pourroit dire
que c'eft ici où la nature a placé fon la-
boratoire d'appropriation: je veux dire que
c'eft par ce mouvement & ce travail que
toutes ces fubftances fubiffent une efpèce d'analyfe & de fecrétion, qui les rend
propres à la formation des nouveaux
corps & des maffes particulières auxquelles elles font deftinées.

La nature femble nous indiquer cette
marche dans la production des végétaux.
Le feu approprie les féves & les autres
fubftances propres à l'accroiffement de
la plante ; il les y porte fucceffivement,
& par un travail d'appropriation, il les
met à même de former des fleurs & des
graines qui retombent dans la terre pour
fubir à leur tour le même travail, & former de nouvelles plantes.

En effet les atômes des différentes
fubftances que le feu amène dans les régions centrales de la terre, étant ainfi at-
ténuées & élaborées, leurs affinités réciproques y ont toute leur énergie poffible, parce que ce mouvement inteftin ne
peut que leur procurer de fréquens paf-
fages les uns auprès des autres, & par là
chaque atôme a toute la facilité de s'unir
avec ceux qui lui font les plus analogues,

& de fe féparer de ceux avec lefquels il
a le moins d'affinité ; de manière qu'après
un tems quelconque les molécules A de
la matière du feu, fe trouvent unies avec
les atômes *a* de la matière terreftre , les
molécules B avec les atômes *b* , & ainfi
des autres ; d'où l'on voit que par ces
analogies & affinités , il doit néceffairement fe former dans la région centrale
du feu , tantôt dans un endroit , tantôt
dans un autre , des efpèces de petits amas
de fubftances analoges & homogènes ; &
c'eft dans cet état , qu'elles reprennent
enfuite le chemin du centre vers la furface du globe & forment un courant effluent , femblable au courant affluent ;
avec cette différence cependant , que le
courant affluent amène toutes ces fubftances confufément de la furface vers le
centre , au lieu que le courant effluent
les ramène par des fuites analogues , qui
fe fuccédent les unes aux autres , fous la
forme d'exhalaifons qui viennent fe condenfer plus ou moins proche de la furface ;
& qui , par leur condenfation , y forment
tous les différens foffiles que nous y remarquons.

Il fuit de ce méchanifme , 1°. qu'il fort
autant de matières des régions centrales

du feu qu'il y en entre; 2°. que la force élaftique de la matière ignée, qui fe trouve dans cette région, ne permet pas au courant affluent d'y amener plus de fubftances qu'il n'en faut pour entretenir un équilibre conftant & uniforme dans le mouvement qui les élabore & les approprie, & qu'autant que le courant effluent en peut ramener vers les régions fupérieures.

Au furplus, nous devons prévenir ici nos Lecteurs, que, lorfque nous nous fommes fervis du terme de feu central, de matière ignée, &c., nous n'avons pas prétendu, à beaucoup près, infinuer par là que les matières qui fe trouvent dans cette région, y foient dans un état d'ignition : à l'inftar d'un brafier ardent, cette ignition ne faurait avoir lieu dans des endroits auffi renfermés ; nous penfons au contraire que ces différentes fubftances y font dans un état de vapeurs plus ou moins denfes, qui s'y meuvent librement en tout fens, par une efpéce de mouvement inteftin à peu près femblable à celui de la fermentation ; & qu'après s'y être affimiliées ou appropriées en vertu de leurs affinités, elles remontent dans le même état de vapeur, vers les régions supérieures du globe, c'est-à-dire vers les régions d'où elles ont été détachées, pour s'y condenser, & y former de nouvelles concrétions & de nouveaux fossiles. Tout ce qui ne se condense pas s'élève dans l'athmosphère, pour y remplacer successivement les substances qui en sont détachées & ramenées vers l'intérieur de la terre, ou qui se dissipent dans l'espace, ce qui conserve, au fluide, à peu près le même état & la même densité.

Suivons maintenant ces matières ainsi disposées par suites analogues, qui s'élèvent des régions centrales, vers les couches supérieures de la terre, & voyons comment elles peuvent former les différens fossiles que nous y rencontrons.

Pour répandre sur cette question tout le jour dont elle est susceptible, il faut observer, 1°. que tout fluide n'est dans un état de fluidité, que par l'action de la matière du feu, qui, en désunissant toutes les molécules des corps fusibles, les maintient dans cet état de fluidité.

2°. Qu'il y a des substances beaucoup plus fusibles que d'autres, que celles qui exigent le plus de feu pour être mifes dans un état fluide, font celles auxquelles il ne faut qu'une légére diminution de chaleur, pour reprendre leur état de folidité ; & au contraire celles qui font le plus fufibles, font celles qui ne prennent leur état de folidité qu'à un degré de chaleur infenfible, ou, fi l'on veut, à un degré de froid confidérable ; car nous ne devons regarder le froid que comme la privation ou abfence de la matière du feu, tout comme toute chaleur dénote fa préfence.

Il fuit de là que toutes le fubftances qui s'élèvent du centre vers la furface de la terre, ne peuvent fe condenfer & fe réunir qu'après qu'elles fe font affez éloignées du feu central, pour que fa chaleur ne foit plus affez forte pour les maintenir en diffolution ou en état de vapeurs: d'un autre côté, la raifon, fondée fur l'expérience, veut que, parmi le nombre de fes différentes fubftances, il y en ait qui réfiftent bien plus à l'action du feu que d'autres, & que ce font celles-là qui fe condenfent les premières, & s'arrêtent à des régions plus profondes; & que ces dernières, plus long-tems en prife à l'action de cet élément, s'éléveront jufques vers la furface du globe, & dont une partie paffera même jufques dans l'athmofphère. Sur quoi il eft indifpenfable de fe rappeller un principe que nous avons établi ailleurs , & dont la connoiffance eft abfolument néceffaire pour l'intelligence de ce que nous allons détailler fur cette matière.

Ce principe eft que fi deux fubftances n'ont aucune affinité entre elles, & qu'elles n'aient aucune aptitude à fe combiner & à fe joindre , il en furvient une troifième avec laquelle les deux premières ayent de l'affinité, elles fe joindront & s'uniront à l'aide de la troifième: s'il en furvient une quatrième , qui n'ait aucune affinité avec les trois premières , elle ne s'y joindra pas ; mais s'il en arrive une cinquième qui ait, tout-à-la-fois, de l'affinité avec la quatrième, & avec quelques-unes des trois premières : ces cinq fubftances s'uniront & formeront un corps entre elles ; c'eft ce qu'on appelle en Chymie les doubles, triples, &c. affinités ; & l'on a donné le nom d'intermèdes, aux fubftances intermédiaires qui opèrent la liaifon & la combinaifon de celles qui n'ont aucune affinité entre elles.

D'après ce principe, soit T , (*fig.* 4.)
la terre LM , son athmosphére E , la région centrale du feu ; si une molécule
d'une substance quelconque est portée
par le courant effluent de E vers K , &
qu'elle rencontre , sur son trajet , une
masse analogue Z , dont la force attractive soit supérieure à celle qu'exerce le
courant du feu sur la molécule ; celle-ci
sera retenue par la masse C , & retien-
dra même l'atôme de matière du feu,
auquel la molécule étoit unie , & par lequel elle étoit entraînée, si la force motrice de cet atôme se trouve inférieure à
celle de la masse qui retient l'un & l'autre ; & dans ce dernier cas , la masse
augmentera de deux molécules, dont une
sera d'une substance qui lui est analogue,
& l'autre de la matière de feu , qui lui
devient inhérent. Ce que nous observons
ici à l'égard de ces deux molécules , peut
arriver à une quantité considérable de ces
deux matières , & augmenter considérablement la masse Z , soit en volume,
soit en densité ; car ceci peut très-bien
se faire par *intus-position* & par *juxtá-
position* ; & c'est ainsi que la matière du
feu, qui se trouve combinée dans tous
les corps, y est fixe , en vertu de cet-

te force attractive. Mais comme le feu , par fa force innée , tend toujours à fe mouvoir , tous les corps , parvenus à cet état de faturation, ont une efpéce de tenfion ou de difpofition à fe diffoudre ; & fe diffoudroient en effet , fi la force attractive ou d'adhéfion de leurs parties conftituantes ne s'y oppofoit.

Mais fi au contraire la molécule que nous avons fuppofée être entraînée par le courant du feu de E vers K , ne rencontre pas dans fa traverfe , aucune fubftance avec laquelle elle ait plus d'affinité qu'avec la matière du feu, elle fe portera au delà de la furface de la terre dans l'athmofphère en K ; d'où l'on voit que les fubftances qui ont le plus d'affinité avec la matière du feu , font celles qui viennent fe condenfer près de la furface de la terre, ou qui s'élévent dans l'athmofphè. re , pour y remplacer celles que le même feu , ou le courant affluent , ramène dans l'intérieur du globe.

Parmi le grand nombre de fubftances qui fe trouvent répandues dans la maffe du globe terreftre , & qui fervent d'intermède à l'union & à la liaifon des autres , celle qui nous paroît la plus abondante après la matière du feu , c'eft fans contredit celle qui conftitue l'eau par fa combinaifon avec la matière du feu, qui, fuivant fon plus ou moins d'intenfité, la maintient dans un état de fluidité ou de vapeur. Nous connoiffons en effet peu de corps dans lefquels cet élément ne fe trouve combiné; ce qui conftate, tout-à-la-fois, fa grande affinité avec la matière du feu, & avec toutes les fubftances terreftres.

Pour nous former une idée de la manière dont l'eau concourt à la formation des corps & à la combinaifon de leurs fubftances, à mefure que le feu les ramène des régions centrales de la terre, nous la devons régarder fous trois points de vue différens : Premièrement, comme fimple eau, c'eft-à-dire comme une fubftance fimple, qui, combinée avec la matière du feu, forme ce fluide auquel on a donné le nom d'eau. En fecond lieu, nous devons regarder ces deux matières ou fubftances, comme féparées l'une de l'autre : pour lors la fubftance, qui n'eft pas celle du feu, & que nous appellerons matière aqueufe, rentre dans la claffe des autres fubftances terreftres, & la matière du feu tient fon rang à part. On fent parfaitement que cette divifion ne peut avoir lieu méchaniquement

niquement que jufqu'à un certain point; car l'eau, dans l'état de glace, n'eft point à beaucoup près, entièrement privée de feu ; il faudroit pour cela. que nous ne fuffions pas plongés dans la matière de cet élément, ou que nous puiffions l'écarter des fubftances avec lefquelles il eft combiné ; mais rien ne nous empêche de confidérer ces deux fubftances comme féparées, parce qu'elles font très-diftinctes l'une de l'autre. Enfin nous pouvons en troifième lieu confidérer l'eau dans fon état de vapeur. Tant que l'eau ne fe trouve combinée qu'avec la quantité de feu réquife pour la tenir en confufion, fes molécules font contiguës, & gliffent les unes fur les autres, ce qui conftitue fa fluidité & l'équilibre de fon état naturel ; mais dèfqu'il furvient une plus grande quantité de feu, il agite les parties conftituantes de ce fluide, les atténue & les réduit dans un état de divifion & de ténuité fi extrême, que le fluide qui en réfulte peut devenir auffi fubtil que celui du feu feul ; & dans cet état, il eft non feulement capable de fe porter dans tous les interftices des fubftances qui tendent à s'unir & leur fervir d'intermède, mais encore de péné-

Tome II. G

trer au travers des porres des corps tous
formés, & y porter, conjointement avec
le feu, les matières qui vont en augmenter les maffes par *intus-pofition*; & c'eft
dans cet état, qu'elle doit fe trouver
dans la région centrale du feu, confon-
due avec les autres fubftances qui y font
réduites au même état de diffolution.

On nous dira que l'eau n'eft pas fuf-
ceptible d'un pareil degré de feu; mais
outre que nous avons obfervé que les matières qui y font expofées n'y font pas dans
un état d'ignition, c'eft que nous pouvons
affurer qu'elle réfifte dans des corps
rougis à blanc, tant elle a d'affinité avec
la matière du feu : les Docimafiftes me
feront témoins de ce fait; ils favent qu'on
ne fauroit priver les coupelles de toute
leur humidité, qu'en les faifant rougir à
blanc. On aura beau me dire qu'il n'y a
rien de fi contraire que l'eau & le feu;
je répondrai toujours que ce proverbe
trivial eft abfolument faux, l'eau n'éteint
point le feu, parce qu'elle lui eft contraire, c'eft tout l'oppofé; c'eft qu'elle
le faifit & s'en empare, lorfque dans un
incendie on fait ufage de l'eau, le feu
abandonne les matières qu'il confumoit
pour s'unir à ce fluide, qu'il réduit en

vapeurs, & les élève dans l'air, parce qu'elles font moins péfantes que ce dernier élément ; voilà en quoi confifte cette prétendue contrariété.

Au furplus, lorfque nous avons dit que l'eau eft l'interméde qui coucourt le plus à la réunion & à la liaifon des fubftances qui s'uniffent en corps, nous ne prétendons pas exclure de cette fonction nombre d'autres fubftances, dans lefquelles on reconnoît cette propriété.

Avant d'aller plus loin, il eft intéreffant d'ajouter aux obfervations précédentes, les deux refléxions qui fuivent : la première eft que la denfité & l'intenfité de la matière du feu, va toujours en diminuant, à mefure qu'elle s'éloigne des régions centrales de la terre ; & cela en raifon inverfe des quarrés des diftances au centre ; car foit que ces vapeurs fe répandent en tout fens dans la maffe du globe, foit qu'elles s'élèvent en colonnes à peu près droites ; il y aura toujours une divergence qui opére cette rarefaction.

La feconde eft qu'il ne paroît pas poffible que la terre reçoive une fi grande quantité de lumière, & conféquemment de matière de feu, fans que cette matière s'y accumule, & fans que la chaleur l'augmente au point de caufer un embrafement général dans ce globe. Ne feroit-ce pas une idée approchante de celle-ci, qui faifoit conclure au Profeffeur Ludolph, que le globe terreftre a été incendié nombre de fois? (Voyez l'Effai Chymique de la Chaux, par Frédéric Mayer.) Je ne fais au furplus comment ce Savant a trouvé le moyen de lui reftituer fes habitans après ces différens incendies, à moins qu'il n'ait regardé tous les animaux, comme autant de phénix renaiffans de leurs cendres ; ou qu'il ait fuppofé que l'être fuprême veut bien fe prêter à la complaifance d'une nouvelle création, toutes les fois qu'il fe permet un pareil fpectacle. Pour nous, nous avons trop de confiance en fa miféricorde, pour croire que fa bonté fe foit jamais déterminée à nous condamner tous à être brûlés vifs. Dieu n'aime pas des *autos-dafé* de cette efpéce : nous connoiffons d'ailleurs trop la nature des êtres terreftres, pour les regarder comme des reftes d'un incendie ; la lumière que la terre reçoit journellement ne fauroit s'y accumuler, elle ne fait que renouveller & remplacer celle qui fe diffipe à chaque inftant : à mefure que cette matière s'élève des régions centrales de la terre , elle fe dépouille fucceffivement des matières avec lefquelles elle s'étoit combinée , & parvient à l'extrêmité de l'athmofphère dans fon premier état de pureté, d'où elle fe diffipe par fon propre mouvement dans les différens efpaces de l'univers , pour remplacer à fon tour celle qui fe diffipe, tant des corps lumineux que de ceux qui compofent leurs différens fyftêmes ; car chaque corps ne reçoit de cette matière , qu'autant qu'il en faut pour maintenir l'équilibre de fes parties , & la nature de fa conftitution; & c'eft en quoi confifte ce que nous avons nommé *point de faturation.*

D'après tous ces principes, fuivons nos matières appropriées , à mefure qu'elles s'éloignent de la région centrale du feu; voyons ce qu'elles peuvent devenir , en traverfant la maffe terreftre qui les enveloppe. Il eft évident que , dans ce trajet, il ne peut arriver que trois cas différens à toutes ces fubftances ; ou elles fe formeront en différens corps particuliers , à mefure que la chaleur centrale ne fera plus affez forte pour les tenir en diffolution , ou elles fe combineront avec d'au-

G 3

tre corps analogues qu'elles peuvent rencontrer fur leurs routes, ou enfin elles
traverferont cette maffe fans s'y arrêter,
& fe porteront dans l'athmofphère. L'examen de ces trois cas va nous ouvrir un
grand jour fur la formation de tous les
corps, fans exception, qui fe forment
tant dans l'intérieur qu'à la furface du
globe terreftre.

Premier cas : foit, comme ci-devant,
T *(fig. 4.)* la terre, LM fon athmofphère, E la région centrale du feu, PNO*g*
les amas des fubftances homogènes, qui
s'affemblent dans cette région par le mouvement inteftin du feu. Suppofons que
l'amas O, entraîné par le courant effluent
du feu, forte par les filets *b d* ; & comme
l'intenfité du feu va toujours en diminuant
à mefure que ces fubftances s'éloignent
du point O, elles parviendront à quelque hauteur R, où l'action du feu ne fera
pas capable de les tenir en diffolution,
elles feront pour lors obligées de fe condenfer & de fe figer ou réunir en un
corps R ; car il eft d'expérience que tout
corps ou fubftance en fufion ou en diffolution, fe condenfe & fe fige, dès qu'elle
perd le feu néceffaire pour la tenir en
diffolution, d'où il réfulte que plus ces

fubftances exigent de feu pour être main-
tenues dans un état fluide, plus leur point
de condenfation R fera proche de O ; &
au contraire , plus ces fubftances feront
fufibles , plus leur point de condenfation
R fera proche de la furface de la terre :
& réciproquement.

D'où il fuit, 1°. que les fubftances qui
envéloppent la région centrale du feu ,
doivent être capables de réfifter à la plus
grande violence dont cet élément foit fuf-
ceptible dans ces régions ; & par conféquent les plus refractaires de toutes celles qui compofent la maffe du globe terreftre. Leur nature nous eft connue ,
parce qu'elles ne s'élèvent pas jufques
à nous.

2°. Que les filets *b d* feront d'autant
plus convergens , que les fubftances qui
les compofent feront refractaires , & plus
par conféquent leur point de condenfation R fera proche de la région centrale
du feu.

3°. Que le corps qui fe formera en R
fera précifément de la nature de ceux
auxquels ces fubftances fe trouveront
propres : c'eft-à-dire que fi l'amas de ces
fubftances O, étoit de nature ou de l'efpéce
de celles qui font propres à former une ro-

che ou une terre quelconque, le corps R fera une roche ou une terre de la même efpéce. Si ces mêmes fubftances fe trouvent propres à former par leur réunion & combinaifon un métail, un minéral ou autre foffile quelconque ; il en refutera une veine
métallique ou autre foffile quelconque,
analogue à ces mêmes fubftances, ce qui
eft très-conforme à ce principe fondamen-
tal de la nature, qui eft : ,, *que toutes*
,, *les fois qu'on aura toutes les fubftances*
,, *néceffaires pour former un corps quel-*
,, *conque, & qu'on pourra les arranger*
,, *& combiner dans l'ordre qu'elles doi-*
,, *vent avoir pour former un tel corps,*
,, *il en refultera un corps femblable.*

Qu'arrive-t-il ici aux fubftances O ? La
fubftance aqueufe qui fe trouve par-tout
aidée de quelques autres, fur-tout de
celle du feu, les lie à mefure qu'elles
fe raffemblent en R, & il n'y refte de
matiere de feu qu'autant que la maffe
peut en retenir, & qu'il en faut pour
former le *gluten* & l'adherence des molécules qui la compofent ; le furplus s'é-
leve plus haut, avec quelques fubftances volatilles qui peuvent s'y trouver, &
la maffe R continue de croître & d'augmenter tant qu'il s'y préfente de pareil-

les fubftances, c'eft-à-dire jufqu'à ce que l'amas O foit entierement épuifé.

Il ne faut pas croire au furplus que tout cela s'opére d'un jour à l'autre : fi l'on fait attention à la grande rarefaction de ces fubftances, réduites en vapeurs, dans la région centrale du feu, on verra qu'il doit s'y en amaffer fucceffivement une quantité prodigieufe en O, pour former un corps ou une maffe plus confidérable en R. L'eau réduite en vapeurs à l'air libre, eft quatorze mille fois plus rarefiée que l'eau ordinaire, & occupe un efpace quatorze mille fois plus grand : A plus forte raifon dans la région centrale du feu, où la divifion de toutes ces fubftances eft portée à fon dernier degré ; d'où il fuit que le volume de la maffe R ne peut augmenter que d'une manière infenfible ; d'ailleurs, toutes les fubftances qui s'élèvent en *b d*, ne peuvent pas être affez homogènes pour s'arrêter toutes en R ; il doit y en avoir quelques-unes, qui étant trop volatiles pour s'arrêter à cette diftance, paffent à des régions fupérieures : Nous en avons un exemple frappant dans l'expérience curieufe qu'on fait pour imiter la formation de l'argent vierge en filagrammes, qu'on trouve affez fouvent dans les Mines riches de ce métail.

Voici en quoi elle consiste. Si on combine de la chaux d'argent avec le soufre, il en résulte une masse entièrement semblable à de la Mine d'argent vitreuse, connue en Allemagne sous le nom de *Glat Erts* ; si on expose cette masse dans un test, sous une moufle, & qu'on lui donne peu à peu un feu suffisant pour la faire rougir sans la fondre, ou trouvera cette masse, après l'avoir retirée du feu, toute couverte de filets d'argent, qui sortent de sa surface ; au point qu'elle ressemble quelquefois à du velours blanc. Ce que l'art fait ici en peu de tems, la nature l'exécute lentement & d'une manière imperceptible dans le sein de la terre. Ici les substances qui composent l'argent, s'unissent avec celles qui composent le soufre, en vertu de leur affinité réciproque, & il en résulte un minéral. Celui-ci exposé pendant un long tems à l'action du courant du feu, les substances qui le composent se séparent par son action, celles de soufre, plus volatiles que celles de l'argent, s'élèvent à une région supérieure ; & comme elles ont beaucoup d'affinité avec celles de l'argent, elles ne les abandonnent qu'après en avoir élevé une partie au-deſſus de la maſſe : après quoi elles le quittent, ce qui forme ces fillagrammes ſinguliers d'argent vierge, qui, par leur entrelaſſement, nous indiquent les routes que le ſoufre a pris en ſuivant le courant du feu qui l'évapore.

Ce que nous venons d'obſerver à l'égard de la maſſe qui doit ſe former en R, dans la ſuppoſition que c'eſt une Mine d'argent, convient également à toute autre concrétion poſſible ; parce qu'il n'y a point de corps qui ne renferme quelques ſubſtances, ſur leſquelles le feu a plus d'action que ſur le reſte de la maſſe.

Si maintenant nous ſuppoſons encore que l'amas des ſubſtances O, eſt homogène, & ne contient que celles qui ſont propres à former une maſſe d'une eſpéce quelconque R, cette maſſe augmentera conſidérablement, à meſure que ces mêmes ſubſtances s'y porteront, & iront ſe joindre aux premières ; & cela continuera juſqu'à ce que l'amas O ſoit épuiſé, & la maſſe qui en réſultera ſera homogène, & ſe formera par *juxtà-poſition ;* on peut dire alors que cette maſſe eſt ſimple.

Mais fi après que cette maffe eft formée & que l'amas O eft épuifé, il furvient
un autre amas N, compofé de fubftances
différentes de celles de l'amas O, & qu'elles enfilent la même route que celles de
l'amas O, elles iront pénétrer la maffe
de ces dernières en R; fi elles ont de l'affinité avec elles, & y formeront un nouveau compofé, c'eft-à-dire un corps ou
une maffe toute différente de la première. Si, par exemple, les fubftances de
l'amas O étoient propres à former du
ghur ou fynthèfe, la maffe qui en a d'abord
réfulté en R a été du ghur; mais fi après
que cette maffe a été formée, les fubftances qui forment l'amas N, que nous
fuppofons propres à former un minéral,
par leur combinaifon avec des fubftances
telles que la maffe R, viennent pénétrer cette dernière de toutes parts, & que le tout fe
combine enfemble, il en refultera à coup fûr
un minéral, & ce dernier compofé fe forme
par *intus-pofition*. Je ne préfume pas avancer ceci au hafard; car outre que ce n'eft là
que le réfultat des principes que nous avons
établis; c'eft que fi j'en dois croire un
grand nombre d'obfervations fuivies fur
la formation de différens minéraux, fur-
tout ceux de plomb, je trouve qu'il fe

forme d'abord une maſſe homogène, ordinairement très-blanche, ou griſe,
connue en Minéralogie ſous le nom de
ghur, qui dégénère aſſez ſouvent en une
eſpéce d'argile grenue, bleuâtre, quelquefois violette, & que cette matière
forme la matrice ou la baſe dans laquelle viennent ſe fixer quelques autres ſubſtances qui la pénétrent de toutes parts, & qui, par leur combinaiſon ſucceſſive avec celles de cette baſe
ou matrice, forment enfin un vrai minéral, qui ſera d'autant plus pur, qu'il
y aura moins de ſubſtances étrangères, qui ne s'y combinent que trop ſouvent en même tems.

Maintenant ſi l'amas N ne renferme
que des ſubſtances propres à former du
plomb, il n'en réſultera en R qu'une mine de plomb ; mais ſi cet amas renferme
à la fois des ſubſtances propres à former du
plomb, du cuivre, de l'argent, du fer, &c.
il ſe formera alors en R une veine minérale, compoſée de tous ces métaux,
quelquefois intimement mêlés, & ſouvent iſolés dans la même veine, ce qui
prouve que c'eſt en vertu de leurs affinités
particulières qu'ils ſe font ainſi ſéparés lorſqu'ils étoient encore en état de vapeurs, & à

mefure que ces vapeurs fe combinoient avec leur bafe. Les Minéralogiftes n'ignorent pas que c'eft ainfi qu'on trouve les veines minérales dans le fein de la terre; qu'il y en a qui ne renferment qu'une feule efpéce de métail ou de minéral, & qu'il y en a d'autres, & c'eft le plus grand nombre, qui contient différens métaux à la fois.

Toutes ces obfervations nous portent à préfumer que dans la formation des minéraux, qui font tous des corps compofés de différentes fubftances, il fe forme d'abord un amas quelconque O des fubftances analogues & homogènes, en vertu de la fecrétion des différentes matières expofées à l'action du feu central; que ces matières analogues, entraînées par le courant effluent, viennent fe condenfer en un endroit quelconque R, & y forment un corps ou une maffe homogène; & qu'enfuite un autre amas quelconque N, compofé de fubftances différentes, mais analogues à celles de la maffe R, fuivent la même route, & viennent pénétrer toute cette maffe, qui leur fert de receptacle & de matrice; & que de cette combinaifon il en réfulte un corps ou une maffe caractérifée, c'eft-à-dire une roche d'une efpéce quelconque, un bitume, un minéral, &c.

Or de quelque nature que foit la maffe qui fe forme en R, la fubftance aqueufe qui, dans ces régions, fe trouve combinée avec la matière du feu, comme il paraît par les exhalaifons chaudes & humides qu'on reffent dans les fouterrains profonds, y entre pour beaucoup, & fert d'intermède à la liaifon plus ou moins intime des parties conftituantes de la maffe, & ne contribue pas peu aux criftallifations de toute efpéce, qu'on rencontre dans ces fouterrains, fur-tout dans les veines minérales; mais il n'y refte de ces vapeurs aqueufes, qu'autant que les matières qui compofent ces maffes, en peuvent retenir par leur liaifon & leur union : le furplus de ces mêmes vapeurs, exigeant une température de chaleur beaucoup moindre pour fe condenfer, s'élève à des régions fupérieures, & ne manque jamais d'entraîner en même tems un nombre de molécules les plus déliées de ces maffes qu'elles vont dépofer dans des endroits plus voifins de la furface du globe, & les élèvent même fouvent jufques à l'athmofphère; c'eft de là que viennent toutes ces empreintes de fubftances minérales qu'on

voit dans les roches, les terres & les pierres
à la surface de la terre, ces vapeurs pénétrent jusqu'aux végétaux; la forêt d'Eyweil-
ler dans l'Electorat de Treves, est assise
fur un fonds schisteux & très-cuivreux;
les bois qui en proviennent font tellement pénétrés par des vapeurs cuivreu-
fes, qu'ils donnent, en brûlant, une
flamme verte, entièrement semblable à
celle que donne le cuivre en le rafinant.
C'est encore de là que proviennent ces
vapeurs épaisses qu'on voit si souvent dans
les endroits qui abondent en minéraux &
qui participent toujours de leurs qualités
bien ou mal-faisantes qui se font fur-tout
fentir fur les végétaux du voisinage. Il
arrrive même que lorsque ces vapeurs
rencontrent dans leur trajet des substances, avec lesquelles elles ont beaucoup
d'affinité ; elles les saisissent, les empor-
tent, & déposent à leur place le minéral
dont elles étoient imprégnées ; c'est ainsi
que les bois & les substances animales
font changées en minéraux ou en pyrites.

Tel est le premier cas, ou le premier
fort que peuvent subir les substances de
toute espéce, qui font entraînées par le
feu des régions centrales de la terre, vers

sa

fa furface. Mais avant que de paffer à l'examen du fecond cas dont nous avons parlé ci-devant, il eft bon de lever une difficulté que tout Lecteur attentif & judicieux eft en droit de nous faire ; voici en quoi elle confifte.

Si on excepte la région centrale du feu, le refte du globe terreftre paroît d'une nature folide, compacte & contiguë ; & à l'exception des veines minérales, tout fon intérieur ne paroît compofé que de roches vitrifiables. Cela étant, comment fe peut-il former dans un endroit quelconque R, une maffe folide d'un volume un peu confidérable, telle que des veines métalliques & autres très-dures, qui ont quelquefois plus d'une lieue de longueur, & peut-être autant de profondeur, fi les matières qui compofent ces foffiles ne trouvent pas un efpace vuide dans ces endroits, pour s'y condenfer & y former une maffe de cette étendue ?

Pour répondre à cette difficulté, je conviens d'abord que la maffe du globe terreftre, qui ne fait pas partie de la région du feu, eft généralement folide & compacte ; mais il faut convenir en même tems, qu'outre le grand nombre des

Tome II. H.

porres qui font une forte partie de cette
maffe, & qui laiffent un libre paffage aux
vapeurs dont il s'agit, il y a encore dans
toute cette maffe une infinité de fentes
& de vuides plus ou moins grands, qui
peuvent donner un libre accès à ces mêmes vapeurs, & leur faciliter les moyens
de s'y introduire en affez grande quantité, pour y former une maffe de plufieurs
miliers de fois plus confidérable que n'é-
toit d'abord l'étendue primitive de ces
fentes où elles fe font introduites ; & ce
qu'il y a de fingulier encore, c'eft
que la difpofition & l'alignement de ces
fentes détermine toujours l'alignement
des grandes maffes qui s'y forment; c'eft
pour cette raifon que, généralement
parlant, toutes les mines ont des directions déterminées; une veine ou un filon
qui s'étend du nord au fud, ou de l'oueft
à l'eft, fuit régulièrement cette direction dans toute fa longueur, & ainfi des
autres directions, parce que les efforts
dont nous allons parler fe font toujours
fur les parois collatérales de ces veines,
ce qui ne peut déterminer leur agrandif-
fement & leur prolongation, que fuivant
la direction primitive des fentes où elles
fe forment.

Maintenant , pour comprendre de quelle manière une petite fente , formée dans le fein de la terre , peut faciliter l'accès & l'affemblage d'une quantité fuffifante de fubftances de toute efpèce, pour former une maffe confidérable ; il fuffit de faire attention que chaque atôme de ces fubftances , eft animé par l'action qui les porte dans cette fente ; qu'outre fa force impulfive , fa force élaftique y devient d'autant plus forte , qu'elle fe trouve plus comprimée ; & que quelque petite que foit la force de ces molécules, fi leur nombre étoit infini , la fomme de leurs petites forces particulières feroit infinie , ce qui formeroit une force infinie ; ainfi la forme des forces des molécules qui pénétrent d'abord dans cette fente , eft proportionnelle à leur nombre.

Cela pofé, foit AB *(fig. 5.)* la petite fente dans laquelle pénétrent les fubftances *b d*, réduites en vapeurs , à mefure qu'elles s'y condenfent elles deviennent incapables de s'échaper par les porres des côtés AC, AB, contre lefquels elles vont s'appliquer , celles qui fuccédent à ces premières font continuellement effort pour y pénétrer , & fe joindre aux autres, enforte que l'effort qui en réfulte eft

égal à celui d'une colonne de même matière qui auroit pour bafe les côtés AB,
AC, & pour hauteur, celle qu'il faudroit à un corps, pour acquérir, en tombant, la même vîteffe qu'ont ici les molécules *b d*; car il eft très-connu dans l'hy-
droftatique, qu'un fluide quelconque,
qui pénétre, par un tuyau, dans un vafe quelconque, fait un effort contre les
parois de ce vafe, égal au poids d'une
colonne du même fluide, qui auroit pour
bafe ces mêmes parois, & pour hauteur
celle du tuyau; & il eft également connu
que l'effort ou le poids de cette colonne
eft égal à celui que fairoit un courant du
même fluide, contre la furface des parois
du vafe, en tombant de la hauteur du
tuyau; donc les filets des vapeurs qui fe
portent fucceffivement dans la fente A,
font un effort contre ces parois AC,
AB, égal à celui d'une colonne du même
fluide, qui auroit pour bafe ces mêmes
parois, & pour hauteur celle qu'il faudroit à un corps, pour acquérir par fa
chûte une vîteffe égale à celle des molécules *b d*.

Maintenant fi on fait attention que ces
molécules font entraînées par la matière
du feu, qui eft la même que celle de la

lumière, dont on connoît la vîteſſe pro-
digieuſe, on trouvera que cet effort doit
être immenſe, comme il l'eſt en effet :
car nous avons fait voir ci-devant qu'il
eſt tel que ſa force verticale de bas en
haut, ſoulève & briſe des bancs de roches très-dures, de plus de trois toiſes
d'épaiſſeur, & que ſa force latérale
fait briſer & détacher des roches de la
même nature, à plus de ſoixante toiſes
de diſtance. Je demande, d'après ces
faits, quel doit être l'effort de ces vapeurs ou exhalaiſons minérales pour dé-
placer, quoiqu'inſenſiblement, des maſſes auſſi énormes, à pareilles diſtances,
& ſi l'on doit être étonné qu'elles ſe
frayent un chemin & une place pour
s'y condenſer & y former les différens
minéraux que nous remarquons dans le
ſein de la terre ; c'eſt ainſi que les molécules bd, en faiſant effort contre les parois AB, AC, les forcent de s'ouvrir,
& prolongent la fente en D ; & ainſi de
ſuite, ce qui forme ces alignemens,
qu'obſervent en général les veines ou filons de minéraux.

Nous venons de voir comment les
ſubſtances que le feu ramène des régions
centrales de la terre vers ſa ſurface, peu-

vent fe condenfer & former différens
corps particuliers dans leur trajet, au
travers de la maffe du globe. Voyons
maintenant ce qui peut arriver à ces mêmes fubftances, lorfque au lieu de fe condenfer & former par elles-mêmes des
corps particuliers, elles fe combinent
avec des maffes étrangères qu'elles rencontrent fur leur chemin ; ce fera l'examen du fecond cas, dont nous avons parlé ci-devant.

La nature a fans doute fes loix primitives, fes règles, fes principes, defquels
elle s'écarte rarement ; mais il n'en
eft pas de même, lorfqu'il s'agit de l'ap-
plication de ces mêmes principes : ici elle a fes différentes manières d'agir, fes
modifications dont les réfultats paroiffent
différens, quoiqu'émanés des mêmes loix.
Les différentes fubftances amenées par
le feu vers les régions centrales de la terre, après y avoir été appropriées & difpofées en différens amas homogènes,
ont pu, en reprenant la route des régions
fupérieures du globe, fe condenfer &
former des corps ifolés & de même nature des minéraux &c., qui ne renferment que les fubftances propres à les ca-
ractérifer; mais ces mêmes fubftances ont

pu fubir des modifications, des combinaifons différentes , & former des corps
mixtes , très-différens des premiers.

Si, par exemple , les fubftances homogènes affemblées en P , *(fig.* 4.) en s'é-
levant vers la furface de la terre en V ,
par des jets *gh* , rencontrent une maffe
ou corps étranger quelconque S , avec
lequel elles aient quelque affinité , & que
ce corps foit porreux & placé à peu de
diftance du terme de leur condenfation;
elles le pénétreront de toutes parts , fe
combineront avec lui , & s'y fixeront ;
pour lors ce corps commencera a devenir plus denfe ; enfuite il augmentera fucceffivement de volume , jufques à ce que
l'amas P foit épuifé , & il réfultera de
cette combinaifon , une maffe différente
de la première.

Mais avant de paffer au détail de ces
différens réfultats , voyons d'abord ce
que devient la maffe SX , à mefure que
fon volume augmente par l'accès des vapeurs que lui fournit l'amas P , & qui
viennent s'y condenfer. Il eft d'abord
évident que l'augmentation de cette maffe fe faifant par intus-pofition , elle pref-
fe également, par tous les points de fa
furface , toutes les matières qui l'envi-

H 4

ronnent , & que l'augmentation fe fera
du côté où il y aura le moins de réfiftance , ce fera par conféquent vers la furface de la terre en V , que cet accroiffement aura lieu , & par là toutes les matières qui fe trouvent entre S & V , feront obligées de fe foulever ou de faire
partie de la maffe , fi elles fe trouvent
avoir quelque affinité avec les exhalaifons
qui y pénètrent ; & dans ce cas , la furface de la terre fe foulevera en V , ce qui
formera une monticule , dont la groffeur
fera proportionnée à la quantité des vapeurs qui fe pénétreront en S.

Si pendant que tout ceci fe paffe de
S en V , par l'épuifement des matières
qui fe trouvoient en P , il fe forme fucceffivement un fecond amas au même
endroit P , foit de pareilles fubftances
que les premières , foit d'autres qui aient
avec elles quelque affinité , elles le fui-
vront , & le courant d'exhalaifons PS
continuera de fe porter en S, & de grof-
fir fucceffivement la maffe SX; mais cette augmentation ne fauroit avoir lieu, fans
que toutes les terres & autres matières
qui fe trouvent dans le voifinage , foient
refferrées & même déplacées par la preffion des parties latérales de la maffe, ce

qui donne lieu à différens phénomènes qu'il eft bon d'examiner en particulier.

Premièrement, les fubftances ou vapeurs que le feu élève de P en S, par la
nature que nous leurs fuppofons, ne fauroient fe condenfer dans les régions qui
fe trouvent entre P & S ; parce que la
température de ces régions eft trop chau-
de, pour que cette condenfation ait lieu ;
ce ne fera donc qu'à une hauteur quelconque SX, qu'une température plus mo-
dérée leur permettra de fe condenfer &
de fe combiner avec les différentes matières qu'elles rencontrent, dont elles
augmentent la denfité & groffiffent la
maffe. Mais ceci ne fauroit avoir lieu ,
qu'il n'y ait un effort & une preffion contre les matières circonvoifines , & conféquemment une réaction vers le centre
de la maffe où ces vapeurs font portées,
ce qui ne peut qu'accumuler la matière
du feu, & augmenter fon intenfité & fa
chaleur qui éloignera vers V , c'eft-à-dire
vers la furface de la terre , le terme de
condenfation des matières qu'il y entraîne, & qu'il porte même jufques vers le
fommet de la petite monticule qui fe
forme fucceffivement en V , par le foule-

vement des premières couches de la terre.

J'ai en effet remarqué plus d'une fois dans les travaux des Mines qui pénétrent jufques vers le centre des montagnes, que ces vapeurs y font affez fenfibles pour pouvoir y appercevoir leur mouvement, en obfervant de près l'athmofphère qu'elles forment autour des lumières qu'on porte dans fes fouterrains; & c'eft pour cette raifon, qu'on trouve des minéraux jufques au fommet des montagnes, ainfi que des roches de différentes efpéces de nouvelle formation.

L'effort qu'exercent les vapeurs qui s'accumulent dans la maffe S, ne fe bornent pas à foulever les couches fupérieures de la terre vers V, & à y former une monticule; cet effort fe portant également vers les côtés SX, ne peut qui occafionner des crevaffes qui fe dirigeront vers S*m* & X*n*, où les vapeurs ne manqueront pas de fe porter, ce qui fera également foulever le terrain en *mn*, où il fe formera des monticules femblables à celle que nous avons dit fe former en V, ce qui donnera lieu à une chaîne de monticules, qui continueront d'augmenter pendant tout le tems que ce feu

souterrain y amenera de nouvelles subf-
tances ; car nous avons fait voir ci-devant que les roches vitrifiables, croiffent & augmentent par intus - fufce-
ption des fubftances qui les compofent.

On nous dira ici que fi le feu fouterrain continuoit toujours à y amener de
nouvelles fubftances, ces montagnes aug-
menteroient au point d'être bien plus
confidérables que nous les voyons; mais
on fera convaincu du contraire, dès
qu'on fera attention qu'elles diminuent
à peu près autant qu'elles croiffent, &
qu'elles ne peuvent augmenter que jufqu'au point où leurs momens d'augmentation fe trouvent en équilibre avec ceux
de leur diminution, occafionnée par les
pluies, les ravins & autres viciffitudes des
tems : j'ai en effet trouvé, par des obfervations non équivoques, que ces viciffitudes abaiffent la furface des Pyrénées, d'environ dix pouces par fiécle, &
celles des montagnes des Vofges, d'environ cinq pouces feulement, parce qu'en
général ces dernières font moins rapides
& bien plus couvertes de bois & de gazons. Il y a même des montagnes qui augmentent ou diminuent d'une manière

bien plus fenfible: il n'y a pas 50 ans que du haut de la Tour de la Cathédrale de Metz, on n'appercevoit point la montagne qui fe trouve derrière la côte de St. Martin, au lieu qu'on en voit à préfent tout le fommet ; la même chofe eft arrivée à Villefort dans les Cevennes; il y a peu d'années que de la hauteur d'un endroit appellé *le Collet*, on ne pouvoit point appercevoir la montagne appellée *la Serre*, qui fe trouvoit cachée derrière les roches de Bayard & de Caftanet ; au lieu qu'aujourd'hui on voit de cet endroit toute la cime de cette montagne, & l'on fent qu'il n'eft pas poffible que cela foit, fans que les terroirs ou roches intermédiaires aient diminué, ou que les montagnes qu'elles cachoient aient augmenté.

Les perfonnes qui ne font pas accoutumées à étudier la nature de près, fe perfuaderont difficilement tous ces changemens, & bien moins encore qu'il foit poffible que la force du feu fouterrain foit en état de concourir à la formation & à la confervation des montagnes; mais nous les fupplions d'obferver que, proportion gardée, la plus haute montagne du globe terreftre feroit à peine vifible fur un globe artificiel d'un pied de diamètre ; & que fi l'on fait attention que ce feu eft généralement répandu dans toute la maſſe de la terre, qu'il y exerce partout la même force élaſtique , on fera bien plus furpris qu'il n'y produiſe pas des effets plus confidérables.

Au furplus , lorſque nous difons que le feu intérieur de la terre concourt à la formation des montagnes, nous ne prétendons pas conclure qu'elles doivent toutes leur exiſtence & leur forme à cet unique élément ; les eaux des ruiſſeaux, des torrens , des fleuves & des rivières , creuſent continuellement leurs lits avec d'autant plus de force , que leurs courans font plus rapides , ce qui abaiſſe les côteaux des montagnes voiſines, & les fait paroître plus élevées. Il y a même nombre de montagnes qui ne doivent leur exiſtence qu'à ce feul travail des eaux, comme on le verra dans la fuite. Nous n'entrons pas dans un plus long détail fur la formation des montagnes, ce qui nous écarteroit trop de notre objet ; voyons ce qui fe paſſe dans leur intérieur & au-deſſous de leur baſe, rélativement à la formation des minéraux ; & reprenons , pour cet effet , la maſſe SX, _(fig. 4.)_ où nous avons dit que les va-

peurs réfultantes de l'amas P viennent fe condenfer.

Cette maffe peut être compofée d'une roche vitrifiable, d'un fchifte, d'une roche calcaire, d'une roche homogène, ou de différentes roches ; elle peut être une terre de même efpéce ou compofée de différentes terres féparées par couches, ou autrement ; ces roches ou couches peuvent être horifontales, perpendiculaires ou inclinées à l'horifon, &c.

D'un autre côté, les vapeurs ou exhalaifons qui pénétrent cette maffe, peuvent être de bien des efpéces différentes, & former, avec les terres & roches ci-deffus, un très-grand nombre de combinaifons, qui toutes donneront des corps de différente nature : & c'eft de là que réfulte cette grande variété de concrétions foffiles que nous remarquons furtout dans les grandes chaînes de montagnes ; & comme c'eft ici la bafe de l'Hiftoire Naturelle des foffiles, & furtout de celle de leur formation, tâchons de rendre un peu plus fenfible tout ce que nous venons de remarquer par quelques exemples tirés du fond de la chofe même.

Suppofons, pour cet effet, que la

figure 6 repréfente la maffe SX de la figure 4, & que cette maffe a une couple de lieues d'étendue, fur une profondeur quelconque, & concevons en même tems qu'elle eft compofée de plufieurs couches ou amas de différente nature *a b c d e*, &c. ce qui eft très-conforme a ce que nous obfervons dans l'intérieur de la terre & des montagnes ; que la couche *a*, par exemple, que nous fuppofons a la furface de la terre, foit un banc plus ou moins épais de roche calcaire, que la couche *b* foit un banc de limon : car il eft de fait que les bancs ou montagnes calcaires font toujours affifes fur un fonds vafeux quelquefois, mais rarement fur un fonds de fable plus on moins pétrifié, ce qui ne laiffe aucun doute fur l'origine que nous leur avons attribuée. Que *c* foit une maffe de fchifte ou de roche feuilletée, *d* une veine de ghur condenfée, qui eft une efpéce de terre blanchâtre, grenue, fouvent plus ou moins grife, & qu'on a quelquefois pris mal à propos pour de le marne ; *e* une roche de grès tendu ; *f* un filon de minéral quelconque, tout formé ; *g* un amas de quartz ; *h* une roche vitrifiable quelconque, telle qu'une roche cornée : I une roche granite dure ; K une roche pourrie ou diſſoute ; & enfin *l* une maſſe d'argile.

Tout cela préſuppoſé , ſoit 1. 2. 3. 4. 5. 6. les différentes ſubſtances réduites en vapeurs, que le feu amène des régions centrales de la terre , & qui viennent ſe condenſer & ſe combiner avec celles qui compoſent la maſſe : *(fig. 6.)* nous diſtinguons ici ces ſubſtances par les lignes droites, ou jets, afin d'éviter la confuſion & d'être plus intelligibles; car , dans la réalité, ces ſubſtances ne s'élèvent point en droite ligne du centre vers la ſurface de la terre ; mais en circulant en tout ſens au travers des porres des maſſes qu'elles traverſent ; c'eſt même le mouvement que ces exhalaiſons affectent à l'air libre, comme on le remarque très-bien dans l'eſpéce d'athmoſphère qu'elles forment autour des lumières qu'on porte dans des ſouterrains profonds.

Il y a plus , c'eſt qu'à meſure qu'un nombre de ſubſtances homogènes s'aſſemblent , comme nous avons dit, en P, *(fig. 4.)* il ſe forme , auprès des amas , d'autres ſubſtances également homogènes entre elles , mais d'une nature différente des premières ; & comme toutes ces ſubſtances

fubftances s'élèvent en même tems &
fucceffivement vers la furface de la terre,
il n'eft pas poffible qu'elles ne fe confon-
dent en traverfant les routes tortueufes
que leur préfentent les porres de la maffe qu'elles traverfent ; ainfi les molécules qui viennent fe fixer dans la maffe,
(*fig.* 6.) & qui compofent le jet 1, quoiqu'homogènes entre elles, peuvent néanmoins être d'une nature différente de
celles qui compofent le jet 2, & ainfi de
toutes les autres; & par là cette maffe fera pénétrée de toutes les fubftances différentes 1. 2. 3. 4, &c., qui compofent
le volume des vapeurs qui s'y portent
fucceffivement.

Maintenant, fi les molécules qui forment le jet 1, font de nature propre à fe
combiner avec la maffe K, que nous
avons dit être une roche pourrie, ou
en diffolution, elle en fera pénétrée de
toutes parts; & fi ces molécules font propres à former une roche quelconque, il s'y
formera un nouveau gluthen, une nouvelle
combinaifon, ce qui donnera lieu à une
nouvelle roche particulière. Or il eft vifible qu'à mefure que les molécules I fe portent dans cette maffe, elle paffe par différens degrés de concrétion, & que la

roche ne parvient dans fon état de perfection, que lorfqu'elle fe trouve faturée
de ces molécules, & qu'elle n'en peut
plus recevoir, fans que fa conftitution en
foit altérée.

C'eft précifément ce point que nous
avons appellé point de maturité; & l'on
fent parfaitement par tout ce qui a été
dit ci-devant, que pour peu que la maffe
K foit confidérable, il faut un très-long
efpace de tems, pour parvenir à ce degré de perfection.

Si après que la maffe K eft parvenue
à ce degré de faturation, les molécules
I, ou d'autres à peu près de même nature, continuent d'y affluer; elles ne s'y
arrêteront pas, puifque la maffe ne
peut plus en recevoir; mais elles fe porteront vers I, que nous avons fuppofé
être une argile; & il réfultera de leur
combinaifon avec cette terre, une roche
différente de la première; c'eft-à-dire un
fchifte, parce que les argiles forment la
bafe de cette efpéce de concrétion pierreufe.

Si après que la maffe ƒ eft ainfi pétrifiée
par l'accès de molécules I, celles-ci continueront d'y affluer, elles pafferont dans
la couche *b*, que nous avons fuppofé être

une vafe ou limon, fe pétrifieront de
même, & fe porteront vers la couche
fupérieure *a* que nous avons fuppofée
être une roche calcaire ; elles s'y combineront, en durciront la maffe, la rédui-
ront peu à peu en marbre, & les parties
les plus volatiles de ces fubftances pafferont dans l'athmofphère, pour y remplacer celles que le feu ramène vers les régions centrales de la terre, pour y fubir
les mêmes viciffitudes.

C'eft ici le lieu de dire un mot fur les
coquillages marins, qu'on dit fe former
dans un étang près Chinon en Poitou.
Nous n'avons garde de fufpecter les lumières, & bien moins encore la candeur
du Savant refpectable qui a fait part au
Public de ce fingulier phénomène ; nous
le croyons au contraire très-poffible, fi
les circonftances qu'il exige s'y trouvent
combinées, comme il y a tout lieu de le
préfumer ; & dans ce cas, le même fait,
quoique de nos jours, n'eft pas moins dû
à un long féjour de la mer fur ces cantons, dans des fiécles fort antérieurs au
notre ; quelques preuves du contraire,
qu'en ait prétendu déduire l'illuftre Philofophe qui a cru que les faluns de Tou-

raine n'étoient au plus que des concrétions de cette nature.

Le coquilles que l'on croit se former & naître dans l'étang du Château des Places, près Chinon, ne s'y forment point, elles ne font qu'y croître, ce ne font que des germes ou plutôt des embrions de coquillages, & peut-être des coquilles dans leur état naturel, mais imperceptible, qui s'y développent & prennent leur accroiffement par l'intus-fufception des fubftances qui y font introduites.

Nous fuppofons ici qu'il n'eft queftion que de coquilles marines ; car s'il s'agiffoit de coquilles de terre ou d'eau douce, il n'y auroit pas plus de fingularité dans ce fait, qu'il y en a de trouver des efcargots dans un tas de pierres, ou des coquilles de moules dans un étang.

A l'égard des coquilles marines, tout le monde peut fe convaincre par foi-même, qu'il y a de roches calcaires, fpécialement défignées fous le nom de roches coquilières, qui renferment un nombre prodigieux de petites coquilles, à peine fenfibles à la vue ; il y en a même qu'on ne peut voir qu'à la faveur du microfcope, & qu'on doit regarder comme la première coquille de l'animal, au moment de fa naiffance, ou plutôt comme d'une efpéce de coquille dans leur état naturel ; car on ne doit pas douter que la Mer n'ait auffi fes animacules. Ces mêmes coquilles fe trouvent également dans les fables & dans les vafes ou limon que la Mer a abandonnés.

Cela pofé, ou les fubftances qui forment les concrétions pierreufes & coquilières dans cet étang, fe trouvent au fond de l'étang même ; ou, ce qui eft plus vraifemblable, ces mêmes fubftances y font amenées par les fources qui fourniffent l'eau à l'étang : dans le premier cas, ces coquilles augmentent par l'intuspofition des fubftances que les exhalaifons fouterraines y amenent, & peuvent y devenir d'une groffeur confidérable, fans que cette augmentation puiffe déranger leur configuration ; parce que ces fubftances en pénétrent également toutes les parties.

Dans le fecond cas, les fources, en traverfant les bancs de roches coquilières, ordinairement fort tendres, détachent ces coquilles & les charient dans l'étang, où il fe forme une efpéce de ftallagmite, qui, expofée aux exhalaifons

I 3

fouterraines & pétrifiantes , acquiert
l'augmentation de volume qu'on y remarque à l'égard de la même terre qu'on a mis
dans un pot à fleurs , & où ces coquilles
fe font également manifeftées ; c'eft le
même principe qui s'eft développé au
moyen de l'eau dont elle a été arrofée ,
& fur-tout fi on s'eft fervi de la même
eau que celle de l'étang , qui eft impré-
gnée d'un principe pétrifiant. En voici
un exemple très-analogue ; parmi le nombre de couches de différens marbres
qu'on trouve aux environs de Caunes,
dans le Diocèfe de Narbonne , il y en a
une à laquelle on a donné le nom de
Marbre Cervelas ; ce marbre , pour le
fonds , eft compofé d'un fable très-fin ,
de nature ferrugineufe , & qui a pris en
fe pétrifiant, toute la dureté du porphyre;
il eft entièrement parfemé d'une feule
efpéce de petites coquilles connues fous
le nom de ténites : il y en a de très-peti-
tes ; mais on y en voit d'autres dont le
volume eft de beaucoup plus confidérable
que leur état naturel & ont groffi par le
fuc pétrifiant qui s'y eft introduit. C'eft là
tout le myftère de la formation prétendue
des coquilles dans l'étang des Places , qui

n'eft, dans le fond, qu'une fimple opération de la nature.

Revenons aux viciffitudes que fubiffent
les roches qui fe font formées dans le
fein de la terre. Il faut obferver qu'à
mefure que les molécules des jets 1 &
2 fe portent vers les roches KI, dont
K a acquis toute fa perfection, comme
nous l'avons obfervé, ainfi que I, que
nous avons fuppofé un granite dur; elles
ne s'y arrêtent pas, & ne font qu'y établir un courant au travers de leurs porres, pour aller fe fixer dans les couches fupérieures *l*, *b*, *a*; or ce courant agit &
frotte continuellement contre les parois
de ces mêmes porres, & en détache
fucceffivement la matière du feu, qui
forme le gluten, & l'enfemble de ces roches; c'eft-à-dire, que ce courant les
mine infenfiblement, & les fait tomber
en diffolution pour fubir dans la fuccef-
fion des tems, de nouvelles combinaifons femblables ou différentes de la première. On peut prouver la réalité de ces
viciffitudes par comparaifon à celles de
même nature qui arrivent aux minéraux
dont nous avons des preuves conftatées,
comme nous le remarquerons ci-après.

Il s'agit à préfent de voir ce que

I 4

peuvent devenir les jets 3 qui fe portent
vers la couche *d*, que nous avons fuppofé être un ghur condenfé ; & ici il faut
bien diftinguer cette matière, que nous
avons définie ci-devant, d'avec le ghur
criftallifé, qui n'eft autre chofe que du
quartz ; il ne faut pas non plus perdre
de vue que tous ces jets ou vapeurs fans
exception, outre les différentes fubftances, qui, par leur condenfation, forment
les concrétions de toute efpéce, auxquelles elles font propres, renferment
toutes plus ou moins de molécules aqueufes qui fervent d'intermèdes & concourent à la formation de ces mêmes concrétions.

Les jets ou vapeurs N°. 3. peuvent
être propres à former, par leur condenfation & leur combinaifon avec le guhr *d*,
un minéral quelconque, ou ces jets ne
contiennent qu'une fubftance propre à former une fimple pétrification. Dans le cas,
ces exhalaifons, en fe combinant fucceffivement avec le guhr *d*, qui eft propre à
les recevoir & à leur fervir de bafe, formeront un minéral, & le tems de fa formation fera proportionnel à l'abondance
des exhalaifons qui y afflueront. Tant qu'il
y aura du guhr propre à cette combinaifon,

le minéral ne ceſſera de ſe former; mais
ſi, après que tout le guhr a été combiné
& employé à la formation du minéral,
les exhalaiſons continuent de s'y porter,
elles ne peuvent plus s'y arrêter, faute
d'une baſe qui les ſaiſiſſe; elles ſe porteront alors vers *b* ou *c*; mais la maſſe *c*,
que nous avons ſuppoſée être un quartz
fait, ſera peu propre à les recevoir; il n'y
aura que quelques parties iſolées, où ces
vapeurs puiſſent ſe fixer, & il en réſultera une maſſe de quartz, piquaſſé de
minéral, comme cela arrive à preſque
toutes les roches qui ſont dans le voiſinage des Mines. Celles au contraire qui
ſe porteront vers *b*, que nous avons regardé comme une couche d'un limon va-
ſeux, ne s'y fixeront pas tant à cauſe de
la grandeur & de la multiplicité de ces
porres, que parce que ces ſortes de ter-
reaux ont peu d'affinité avec les ſubſtances minérales: ces dernières paſſeront
conſéquemment à la couche ſupérieure
a, que nous avons ſuppoſée être un banc
ou montagne de roche calcaire; & comme elles rencontrent dans ces ſortes de
roches des ſubſtances propres à leur ſervir de baſe, elles s'y fixeront & y formeront des veines minérales, comme

l'expérience nous l'apprend ; il ne faut pas même un examen bien refléchi, pour s'appercevoir que les exhalaisons ferrugineuses fur-tout, ont beaucoup d'affinité avec ces fortes de roches.

Pour peu qu'on refléchiffe fur la nature des exhalaisons minérales , & fur les réfultats de leurs combinaisons, on verra bien-tôt qu'elles ne font pas abfolument homogènes ; il y en a en effet qui renferment beaucoup plus de matières acides que d'autres : j'appelle matières acides , certaines fubftances , qui , combinées avec la matière du feu , forment un acide quelconque; & celles-ci font beaucoup plus volatiles que les autres , & particulièrement propres à la formation des pyrites & des minéraux ferrugineux, fuivant la nature des bafes ou des terres où elles fe fixent. C'eft pour cette raifon qu'on trouve tant de matières ferrugineufes à la furface de la terre, & que les veines des autres métaux font toujours plus pyriteufes à leur tête, près la furface de la terre , que dans la profondeur : c'eft aux exhalaifons de cette efpéce, qu'eft dûe l'exiftence de toutes les concrétions fulphureufes & arfenicales ; avec cette différence cependant, que les concrétions

arfenicales nous paroiſſent avoir beaucoup
plus d'affinité avec les concrétions purement métalliques que les ſulphureuſes.
Ne ſeroit-ce pas à une ſurabondance de ces
mêmes vapeurs acides, combinées avec
plus ou moins de vapeurs purement métalliques, que ſeroit dûe la formation de la plûpart des demi-métaux qui ne différoient
entre eux, que par les proportions & les
variations de ces combinaiſons ? C'eſt
du moins l'idée que l'analogie ſemble nous
préſenter.

Lorſque ces exhalaiſons acides ſe trouvent dégagées de toute ſubſtance métallique, & qu'elles ſe mêlent avec des vapeurs compoſées de ſubſtances qui aient
beaucoup d'affinité avec la matière du
feu, & ſur-tout des ſubſtances aqueuſes,
il en réſulte une vapeur qu'on peut appel-
ler *bitumineuſe* ; ſi cette vapeur pénètre
dans un banc de ſable ou de grès tendre,
tel que celui dont nous avons ſuppoſé la
maſſe *e*, elle s'y condenſera & s'attache-
ra à la ſurface des grains de ſable ou de
grès, ſans les pénétrer ; d'où il réſultera
ce que nous appellons une mine d'aſphal-
te ou de pétrole ; les eaux qui pénètrent
dans ces ſortes de bancs, délaient peu à

peu cette efpéce de bitume , & forment
ces fources connues fous le nom de fources bitumineufes.

Mais fi ces exhalaifons fe portent dans
un banc d'argile ou de limon , elles le
pènètrent de toutes parts , & les changent en charbon de terre ; & après qu'elles fe font dégagées dans ces couches
d'argiles de leur fubftance bitumineufe ,
elles pénétrent dans les terres & les pierres voifines, y dépofent leur acide , & les
changent en pierres vitrioliques ou alumineufes.

Revenons à notre veine minérale *d* ,
& voyons ce qui doit s'y paffer , après
qu'elle a eté entièrement formée & qu'elle eft parvenue à fon point de faturation
& de maturité.

La première obfervation qui fe préfente à cet égard, c'eft que les exhalaifons minérales n'ont pas pu fe porter le
long de la couche de guhr *d* , fe combiner avec cette matière , & former , par
cette combinaifon, une veine de minéral,
fans qu'il y ait eu une augmentation de matière & conféquemment de denfité , ce
qui n'a pu qu'occafionner un effort , une
preffion , contre les parois de cette couche , & forcer les vapeurs à fe porter vers

a , ou la même accumulation a dû avoir lieu, & aura pu soulever cette couche vers *m* , & y former ces espéces de dos d'anes, dont nous avons parlé précédemment.

A mesure que tout cela se passe dans les couches *d a* , & que les concrétions minérales parviennent à leur degré de saturation & de maturité, les porres de ces couches deviennent successivement plus petits, & forcent les exhalaisons N°. 3. de s'accumuler vers *n* , & de pénétrer toutes les petites fentes qu'elles peuvent rencontrer sur les côtés *h i* ; c'est de là que proviennent ces petits rameaux de minéral, qu'on rencontre assez souvent dans les travaux des mines, & qui s'écartent des maîtresses veines.

Si après que le minéral a acquis toute sa perfection dans les couches *a d* , & qu'il est parvenu à son point de saturation, les exhalaisons N°. 3. continuent de se porter en *n* , leur accumulation & leur élasticité les forceront de pénétrer avec violence, au travers de la couche *d* , & de déposer en *n* leurs parties les plus grossières. Pour lors les molécules du feu, devenues plus dégagées, saississent, en traversant le minéral, cette substance

qui en conftitue l'éclat , & que nous
avons nommée plus haut terre mercurielle. A l'exemple de Beker , on pourroit peut-être lui donner , avec plus de
raifon , le nom de feu fixe; car je la foup-
çonne telle ; & il n'y a que les matières
ou bafes qui en admettent une certaine
quantité qui deviennent éclatantes , celles qui ne peuvent en fixer que peu n'ont
point d'éclat. Quoiqu'il en foit , à mefure que les molécules du feu dépouillent
le minéral de cette fubftance , il devient
fucceffivement plus terne & bleinduleux,
ou plutôt ce n'eft qu'un bleinde qui dégénère enfin en une terre noire refrac-
taire & fans liaifon , que les Mineurs appellent mine morte.

Or , s'il eft vrai , comme nous l'avons
obfervé ci-devant , que la matière du feu
forme le gluten & l'adhérence des parties de tous les corps , par l'intermède
d'une fubftance aqueufe , il eft hors de
doute que c'eft ce feu ainfi fixé , qui eft
la terre mercurielle de Beker.

Nous ajouterons ici une idée que nous
croyons très-fondée ; c'eft qu'à mefure
que la matière du feu dépouille les minéraux de cette fubftance , qui forme leur
état , il leur enlève en même tems leurs

parties colorantes ; ſes molécules ainſi
chargées & combinées, venant à rencontrer différentes concrétions pierreuſes ,
telles que des criſtaux, des fluors , des
ſpaths , des quartz , &c., avec leſquelles
elles ont d'autant plus d'affinité , que ces
ſortes de concrétions renferment beaucoup de ſubſtances aqueuſes, elles y dé-
poſent ces ſubſtances colorantes qui en
augmentent la denſité & les rendent
plus ou moins dures ; & c'eſt de là que
proviennent toutes les couleurs des pierres colorées ; on eſt d'autant plus fondé à
le croire , qu'il n'eſt pas rare de trouver
des fluors colorés , dont la ſurface a tout
l'éclat métallique , qui n'eſt autre choſe
qu'un reſte de cette terre mercurielle , que
ces ſurfaces ont retenue ; & dans ce cas, on
a raiſon de dire que les émeraudes, & autres pierres vertes, doivent leur couleur
à des vapeurs cuivreuſes, & ainſi des autres ; on ſait d'ailleurs que ce n'eſt que
par de pareilles combinaiſons , qu'on parvient à colorer les pierres factices.

Quoique la plûpart des ſubſtances que
le feu ramène des régions centrales de la
terre , viennent ſe condenſer à différentes hauteurs vers ſa ſurface , & y forment
les différentes concrétions foſſiles, que

nous y remarquons : il n'eſt pas moins
hors de doute qu'une grande partie s'é-
lève en vapeurs au-deſſus de cette ſurface, & y forme cette eſpéce de fluide qui l'environne & qui eſt connu ſous
le nom d'athmoſphère.

Si on ſe rappelle tout ce que nous avons
dit juſqu'ici ſur le mécaniſme & les opérations du feu dans le ſein de la terre; il
ne ſera pas difficile de connoître en quoi
conſiſte cette maſſe d'air, qui couvre toute la ſurface de ce globe, & conſtitue ſon
athmoſphère, on verra que l'air n'eſt autre
choſe qu'un fluide compoſé des parties les
plus ſubtiles & les plus volatiles de toutes
les ſubſtances qui compoſent le globe terreſtre, qu'il y a dans ce fluide de toutes
les eſpéces de terres, de ſels, de matières graſſes ou bitumineuſes, de matières métalliques & ſulphureuſes, & ſur-
tout une grande quantité d'eau & de feu,
qui tiennent toutes les autres ſubſtances
dans un état de diſſolution & de divi-
ſion intime. On verra que ce fluide ne ſau-
rait être le même dans chaque climat,
dans chaque pays, n'y dans chaque canton, parce qu'il eſt le produit des maſſes
ou concrétions ſouterraines qui varient
d'un endroit à l'autre, & dont il conſer-
ve

ve les propriétés & les qualités: ici falu-
taires, là pernicieuſes; ſon mouvement,
connu ſous le nom de vent, occaſionné
par une infinité de circonſtances, change, à chaque inſtant, la nature de cet
élément, par le nombre prodigieux de
différentes ſubſtances qu'il tranſporte
d'un endroit à l'autre, & la variété des
combinaiſons qui en réſultent.

L'air n'étant qu'un compoſé des ſubſtances dont nous venons de parler, comme cela eſt inconteſtable, l'air fixe n'eſt
autre choſe que ces mêmes ſubſtances
condenſées; ſoit en elles-mêmes, en les
privant du feu, qui les tient diviſées,
ſoit en les introduiſant dans d'autres corps,
avec leſquels elles ont de l'affinité, &
alors ces corps peuvent devenir plus
compactes, plus peſans & d'une qualité
différente de ce qu'ils étoient. La nature
opére tous les jours ces mêmes combinaiſons, elle fait tous les jours de l'air
fixe; les pluyes ne fertiliſent nos terres
qu'en faiſant de l'air fixe; c'eſt-à-dire,
qu'en condenſant les ſubſtances de toute
eſpéce qui forment l'air; & les ramenant
ſur la terre qu'elles pénétrent, où elles
ſe fixent & d'où elles ſont portées dans
le tiges des végétaux. Lorſque je mets

Tome II.   K

une rose dans ma tabatière , je fais de l'air fixe ; les exhalaisons de cette fleur , qui font un air véritable , pénétrent la substance du tabac, s'y fixent, & forment un nouveau composé, un nouveau tabac, qui imprime , sur les organes de l'odorat, la sensation d'odeur de rose , propriété que le tabac n'avoit pas auparavant. Ainsi à tout prendre , tous les corps solides , sans exception , (du moins ceux de notre planète) sont des composés d'air fixe, d'eau fixe , de feu fixe ; & ce mot *fixe*, substantiellement pris, est synonyme avec celui de *corps* : il est seulement trop obscur pour bien des gens. Nous avons sans doute de vraies obligations aux Savans qui veulent bien s'occuper de ces sortes de manipulations ; elles sont assurément bien propes à étendre nos lumières sur les secrets de la nature , & sur les résultats de ses opérations : mais, nous osons le dire , il seroit à souhaiter qu'on voulût bien se dispenser de donner à ces mêmes résultats, des noms abstraits, qui souvent nous en donnent des idées toutes différentes de ce qu'ils sont réellement.

Tels sont les différens degrés d'existence par où passent tous les corps ; celui de leur formation & d'accroisse-

ment; celui de perfection & de maturité;
& enfin celui de dépérissement & de
dissolution : nous pourrions y joindre celui de renouvellement successif ; & tout
cela émane d'un seul & même principe,
d'un seul & unique agent ; celui du feu,
ou mieux encore, celui de la matière
active, en vertu des propriétés qu'elle
a reçues des mains qui l'ont formée.

On sent parfaitement que, dans un
Discours comme celui-ci, il n'a pas été
possible d'entrer dans un détail circon-
stancié de toutes les opérations de la nature ; nous n'avons pu qu'indiquer en
grand sa marche uniforme dans la production des êtres. Nous nous sommes
principalement occupés de la formation
des minéraux, qui faisoit notre objet, &
que nous avons tâché d'éclaircir de notre
mieux. Un plus long détail nous auroit
trop écarté des bornes que peut comporter un Ouvrage, tel que celui qui
nous occupe : Nous dirons seulement,
que personne, jusqu'ici, n'a mieux ex-
primé, & en moins de mots, toutes
les opérations de la nature, que l'a fait
le célèbre M. de Voltaire, par ces deux
beaux Vers :

K 2

Ignis ubique latet , naturam amplectetur omnem ,
Cuncta parit , renovat , dividit , urit , alit.

Après avoir expofé la manière dont les minéraux fe forment dans l'intérieur de la terre , il ne fera pas hors de propos de dire un mot fur ceux dont la nature a gratifié la Province dont j'écris l'Hiftoire Minéralogique ; mais avant que d'entrer dans ces détails , il eft bon d'obferver , qu'eu égard à l'examen du fol , il eft peu de païs qui aient fubi autant de viciffitudes locales , qu'on en remarque dans le Languedoc.

Les faluns , ou roches calcaires , qui compofent les montagnes des Corbières, & la plus grande partie des Cevennes , prouvent , avec la dernière évidence , que cette Province a été enfevelie fous les eaux de la Mer , pendant une très-longue fuite de fiécles. Je dis faluns , pour ôter toute équivoque fur l'origine de ces montagnes , & fur les matières qui les compofent. Il n'eft pas befoin ici d'avoir des yeux de Naturalifte , pour connoître que toutes ces matières ne font que de grands amas de coquillages de toute efpéce , des offemens de différens animaux : On y trouve jufqu'à des fquelettes humains entiers, & le tout plus ou moins diffous, plus ou moins pétrifié, plus ou moins confervé. La montagne de Sete a fa furface compofée de roches calcaires; mais l'intérieur eft plus pétrifié, & confifte en une efpéce de marbre grifâtre : Il y a très-long-tems qu'on tire de cette dernière pierre, tant pour entretenir le Môle du Port, que pour les édifices de la Ville, & l'on y a fait, du côté de la Mer, des excavations affez confidérables. L'année derniére, 1775, les Ouvriers qui travailloient au fond de cette cariere, y trouverent plufieurs fquelettes humains, dont les os ont été changés en une efpéce de marbre très-blanc. M. de Vaugelas, Major du Fort Brefcou, auffi refpeĉtable par les qualités du cœur, que par fes lumières & fon goût pour l'Hiftoire Naturelle, en conferve plufieurs morceaux dans fon Cabinet ; mais malheureufement il fut averti trop tard, & les Ouvriers les avoient la plûpart mutilés, lorfqu'il y arriva : il m'a fait préfent de la portion d'un Tibia très-bien caraĉtérifé.

On nous dira que ces amas immenfes de coquillages, dépofés au fond d'une mer, ont bien pu former des couches de

K 3

trois à quatre cens toiſes de hauteur, comme nous le voyons; mais que par la retraite des eaux, il n'en auroit pu réſulter qu'un païs plat, & non pas des montagnes eſcarpées, telles que les Corbières, les Cevennes & tant d'autres : c'eſt l'idée qui frappe tous ceux qui s'en tiennent au premier coup d'œil, & qui ne portent pas leur vue ſur la ſuite des événemens. Il eſt très-vrai que lorſque ces amas de coquillages & de débris marins furent dépoſés, & que les eaux de la Mer commençoient à les abandonner, ils ne formoient point un païs de montagnes, telles qu'on les remarque aujourd'hui. Nous en avons un exemple frappant, ſans ſortir du Languedoc : la partie des Cauſſes, qui s'étend depuis Florac & Ste. Enimie, juſqu'à Milhau, ſur la longueur de près de neuf lieues, eſt preſque toute en plaine, mais fort raboteuſe; elle eſt entièrement compoſée de roches calcaires, & ſi élevée, qu'en bien des endroits il ne faut pas moins de deux heures pour y monter ; mais il ne s'en ſuit pas de là que toutes les plaines formées par les dépôts des coquillages, aient pu ſubſiſter telles, dans la ſucceſſion des tems. Les pluies, jointes aux exhalaiſons ſouterraines, y

ont peu à peu formé des sources, celles-ci ont donné lieu aux torrens & aux
rivières qui ont successivement miné &
entraîné les terres qui se sont trouvées
dans les endroits par où les pentes ont
déterminé leur cours, ce qui a donné
lieu aux montagnes, aux côteaux, &
aux vallons qui sont à leurs pieds.

A mesure que les rivières creusent in-
sensiblement leurs lits, les côteaux qui
les bordent deviennent plus rapides, &
donnent plus de prise aux torrens occa-
sionnés par les averses & les grandes
pluies, qui les dépouillent peu à peu de
leurs terres, & ne laissent que les roches
escarpées qu'on remarque dans les païs
montueux; ces roches même ne sont pas
à l'abri des vicissitudes des tems, les calcaires sur-tout se carient très-facilement;
les exhalaisons souterraines, principalement les ferrugineuses, les attaquent,
les dissolvent & les terrifient: elles subissent
alors de la part des eaux pluviales, le
même sort que les terres; tout est entraîné dans les rivières, dans les fleuves,
qui, à leur tour, charient toutes ces
matières dans les Mers où ils débou-
chent.

Ici les vagues & les courans, rangent

les plus péfantes de ces matières, telles
ques fables, le long des plages & des côtes, ce qui récule peu à peu les limites
de la Mer; les fubftances plus légéres,
les terres font portées plus loin, & vont
en combler infenfiblement le fond; c'eft
ainfi que la Mer recule fenfiblement fur
les côtes du Languedoc, par les fables
que le Rhône & les autres rivières y
charient, & que les fréquens courans
de l'Eft rangent le long de cette plage :
Or il eft évident que ce travail des
eaux aura lieu, tant qu'il y aura de terrains circonvoifins au deffus du niveau de
la Mer, dont les bornes feront fuccefli-
vement réculées, & les fonds comblés
aux dépens de ces mêmes terrains. Mais
la Mer ne fauroit réculer & s'éloigner
d'un parage, fans refluer vers un autre,
& toujours vers ceux qui fe trouvent le
plus abaiffés par les eaux pluviales & fluviatiles qu'elle couvre infenfiblement, &
où elle dépofe peu à peu fes fédimens.
Les teftacées & les autres poiffons y re-
fluent également, parce qu'ils trouvent
fur ces nouveaux terrains inondés, une
pâture abondante & convenable, & y
dépofent, par fuceffion des tems, leurs
coquilles & leurs débris, qui s'élevant

jufques à fleur d'eau, forment de nouveaux amas de coquillages, de faluns.
Les exhalaifons fouterraines viennent s'y
condenfer, en exhauffent le fol, & par-
là un terrain abaiffé, redevient à fon tour,
un terrain élévé.

Pendant que les eaux de la Mer exhauffent & élévent le fol d'une contrée
de la terre, les eaux pluviales & fluviatiles l'abaiffent dans un autre, & donnent
occafion à ces mêmes eaux d'abandonner
la première, de fe porter, par leur pén-
te, vers celle-ci, & d'y opérer le même
exhauffement. Pendant que tout cela fe
paffe fur cette dernière contrée, les matières de la première, abandonnées par
les eaux, fe durciffent, fe pétrifient, &
forment des roches calcaires, des roches
fchifteufes, des roches granites; car toutes ces concrétions, ces pétrifications
ne font que des débris pétrifiés de la
la Mer: Les terres s'y établiffent, les
pluies & les exhalaifons fouterraines y
renouvellent les fources, les rivières &
les fleuves; les montagnes reparoiffent à
mefure que le terrain recommence à s'a-
baiffer comme la première fois; d'où l'on
voit que les eaux pluviales & fluviatiles,
fertilifent & détruifent, & que les eaux

maritimes fertilifent & rétabliffent ; & comme il n'y a point de contrée fur la furface du globe terreftre, qui foit à l'abri de l'action des pluies, des rivières, & des fleuves, il n'y en a point non plus qui n'ait été, ou qui ne puiffe être récouverte par les eaux de la Mer.

Je demande à tout Lecteur impartial, fi tout ce que je viens d'expofer dans cette légére digreffion ne s'exécute pas à la lettre, journellement fous nos yeux, & il faut s'étonner que nous trouvions des marques évidentes d'un long féjour de la mer, dans tous les païs connus : Il y a plus, c'eft que cette circulation bienfaifante, marquée au coin d'une providence fuprême, eft indifpenfablement néceffaire, pour rendre le globe terreftre habitable ; fans les pluies, les terres defféchées ne produiroient aucun végétal ; la même chofe arriveroit, fi elles n'avoient aucun écoulement, elles ne fauroient s'écouler, fans entraîner les terres délayées qu'elles trouvent à leur paffage : elles n'y laifferoient à la fin que les roches vitrifiables & ftériles, fi une Mer bienfaifante ne venoit pas rétablir le tout dans fon premier état. Ce qui nous fait paroître ces faits extraordinaires, c'eft qu'ils ne paffent que très-lentement & d'une manière infenfible ; que notre âge eft trop court , pour appercevoir leurs progrès , & que nos lumières font malheureufe-ment trop bornées, pour faifir d'un coup d'œil , tout l'enfemble de ces viciffi-tudes.

Ce réflexions me rappellent une obfer-vation bien fingulière , que je dois au fa-vant Naturalifte , M. l'Abbé de Sauvages. Ce refpectable ami m'a fait remarquer , qu'il eft des endroits, dans les Cevennes, où les couches des roches calcaires, dont ces montagnes font formées , ne font pas toutes compofées de la même efpéce de coquillages. Les couches fupérieures, qui font les plus épaiffes & les plus con-fidérables , font compofées de coquilles toutes analogues à celles de nos Mers d'Europe, & fur-tout de la Méditerranée; au lieu que les couches inférieures, bien moins fortes , ont été formées par des coquillages étrangers , qu'on ne trouve, de nos jours , que dans les Mers des In-des. Nous fîmes cette remarque aux en-virons d'Alais ; & j'ai depuis vérifié le même fait dans le Minervois , au Dio-cèfe de St. Pons : Or comment concevoir qu'une même Mer ait d'abord dépofé, dans ces endroits , des coquillages d'une espéce , que ceux-ci aient ceffé , & qu'elle en ait enfuite dépofé d'une autre espéce , par-deffus les premiers ? On pourroit dire , à la rigueur , que les premiers teftacées ont fréquenté ces parages pendant un tems ; qu'ils s'en font enfuite retirés , & que des teftacées d'une autre espéce , font venus s'y établir à leur place ; mais outre que cette explication eft forcée , c'eft qu'on fait que les Mers ont des coquillages particuliers, affectés à leur fol, & qui ne fe trouvent point ailleurs. Ne feroit-il pas plus vraifemblable de dire que le païs des Cevennes , a déjà été couvert deux fois par deux différentes Mers ? Je n'infifterai pas fur ce fait , mais le témoignage n'en exifte pas moins.

Une autre obfervation , qui ne me paroît point ici déplacée , & que je dois à M. Cauvy , Infpecteur du Port de Sete. Il avoit projeté de faire un Port de Mer de l'Etang de Thau , ou de Taur , en coupant la plage , qui le fépare de la Mer , & qui a très-peu de largeur , ce qui auroit donné le plus beau Port de l'Europe , s'il y avoit trouvé la profondeur requife : il fit , pour cet effet ,

fonder cette profondeur en différens endroits de l'étang ; la fonde lui fit appercevoir quelque chofe de maffif à quinze
pieds de profondeur, depuis la furface
de l'eau, qu'il prit d'abord pour un rocher; mais y ayant fait plonger, les Plon-
geurs trouverent que c'étoit les murs
d'un canal navigable, qui fe font confervés très-entiers, & que ce canal a fa direction fur l'alignement des Bains de Balaruc à Agde , ce qui prouve fans réplique que l'étang de Taur n'a pas toujours
exifté , & qu'il fut un tems où tout le
terrain qu'il occupe étoit à fec, & vraifemblablement cultivé : cependant les
eaux de cet étang font au niveau de
celles de la Mer : il faut donc que la Mer
ait augmenté de quinze pieds, depuis
l'époque où l'on navigoit fur ce canal.
D'un autre côté , il eft hors de doute
que la Mer récule fenfiblement fur les
côtes de Languedoc. Je conviens que
cette retraite peut avoir lieu, fans que
les eaux aient diminué ; parce qu'elle
eft occafionnée par les fables qui s'accumulent le long de cette plage ; mais il
n'eft pas vraifemblable que la Méditerranée fe foit exhauffée de quinze pieds ,
depuis la conftruction du canal en quef-

tion, qu'on ne fauroit renvoyer à des
fiécles antérieurs à ceux où la Mer cou-
vroit ce païs : D'un autre côté, ce terrain n'a pas pu être plus bas que celui
de la mer; parce que la petite rivière
d'Avene ou d'Averne, qui s'y rend du
côté du nord, en auroit de tout tems,
formé un étang.

Je ne connois qu'un feul moyen de con-
cilier tous ces faits contradictoires, &
je fonde mon idée fur des circonftances qui
me paroiffent très-propres à la confirmer; cet étang s'étend du nord-eft vers
le fud-oueft : la pointe du fud-oueft fe termine à peu de diftance de la montagne de
St. Loup, du côté du Fort Brefcou. Or il y a
eu, dans ces cantons, trois volcans confidérables, dont on apperçoit encore très-
diftinctement les bouches. La première eft
au fommet de la montagne de St. Loup,
au pied de l'Hermitage. La feconde eft
au canton de St. Martin, dans les vignes
de Mgr. l'Evêque d'Agde. Le Fort Brefcou eft bâti fur la troifième : tout ce territoire d'Agde eft couvert des laves que
ces volcans ont vomi; & ce qu'il y a de
fingulier, c'eft que la bouche du volcan de
St. Martin eft à plus de vingt pieds au
deffous des laves qu'il a jettées, & qui

font si abondantes, que le puits que Mgr. l'Evêque a fait faire dans sa vigne, a cent quatre pieds de profondeur, & qu'il est entièrement taillé dans ce banc de laves, sans qu'on ait pu trouver la profondeur, quoiqu'à trois pieds au dessus du niveau de la mer : or ces trois volcans n'ont pas pu vomir une quantité aussi prodigieuse de matières, sans qu'il se soit formé des vuides souterrains très-considérables dans leur voisinage. (On a vu, presque de nos jours, les vuides formés par le Vesuve, engloutir la Mer de Naples, & la mettre presque à sec.) Ces vuides s'étendent vraisemblablement au dessous du terrain qu'occupe aujourd'hui l'étang, & en auront vraisemblablement occasionné l'enfoncement, ce qui a formé l'étang tel qu'il existe aujourd'hui : il y a même tout lieu de présumer que tout le territoire, depuis Agde jusqu'à Balaruc, s'est enfoncé ; & que la montagne sur laquelle est construit le Fort Brescou, qui étoit un volcan, faisoit partie de ce territoire. Il n'a fallu, pour cela, qu'un léger tremblement de terre, toujours fréquent dans le voisinage des volcans. A l'égard des vuides formés sous le terrain de l'étang, il paroît

qu'ils ne font pas même encore entièrement remplis, & qu'ils font occupés par
les eaux douces qui fortent en abondance
vers le milieu de l'étang, qu'on appelle
l'avifme ou l'abîme, & par celles qui fortent d'une efpéce de gouffre fitué auprès
de l'Eglife des bains de Balaruc, nommé
l'embreffac, ou *l'envreffac*.

Il y a même tout lieu de préfumer
qu'il y a eu autrefois une Ville confidérable fur le terrain qu'occupe l'étang, ce
qui eft prouvé par le canal qui fubfifte encore au fond de l'eau, & par les ruines
d'un vieux acqueduc qui aboutit à l'étang,
& qui y conduifoit les eaux de la fontaine appéllée *l'iffanca*, fituée à une demi-
lieue au deffus de l'embouchure de l'A-
verne.

Les trois volcans ci-deffus ne font
pas les feuls qui ont exifté dans ce païs,
j'en ai remarqué dix dans le Bas-Langue-
doc, dont les bouches font encore très-
vifibles, fans compter ceux que je fuis
bien fûr de trouver dans le Velay & le
Vivarais que je n'ai point encore vifités :
j'aurois même doublé cette lifte, fi j'avois
fait mention de tous les endroits où j'ai vu
des laves, dont les fources ne paroiffoient
plus. Il y a peu de païs où l'on trouve autant

tant de minéraux de toute efpéce, qu'en Languedoc : il y en a de tous les métaux & demi-métaux, fi on excepte cependant du cobalt, que nous n'avons point encore trouvé jufques ici. Il y en a des indices affez bien caractérifées au *Colet de Deze* & à *St. André Cap-Ceze*, dans le Diocèfe d'Uzés ; & il y a tout lieu de préfumer qu'en y fouillant, on y en trouveroit, fur-tout au Colet de Deze, dans le vallon de Tignac, au lieu appellé *le pré neuf.* Comme ce minéral eft d'un grand ufage, & qu'il eft non feulement rare chez nous, mais qu'il commence à le devenir en Allemagne, d'où nous tirons cette denrée, nous croirions manquer à ce que nous devons à l'Etat & à nous-mêmes, fi nous échapions cette occafion de prévenir qu'on en trouvera une veine confidérable entre la Manera & Notre-Dame del Coral, en Rouffillon : elle eft fituée dans le ruiffeau qui defcend de la côte qui fait face au Village de la Manera. La veine a plus de deux toifes d'é-paiffeur, & paroît au jour fur plus d'une lieue de longueur : cette Mine eft de la même nature que celle de San-Gionan, en Catalogne.

Les Mines de cuivre & de plomb font

communes en Languedoc ; elles y font généralement riches en argent ; il y en a qui tiennent depuis trois jufqu'à dix onces d'argent au quintal, & qui méritent toute l'attention du Gouvernement. J'ofe affurer que ces Mines , exploitées avec prudence, produiroient des fommes confidérables, en cuivre , plomb & argent; & dans le cas où le Gouvernement ne jugeroit pas à propos de s'en occuper par lui-même, la Province pourroit, fous le bon plaifir de Sa Majefté, fe faire un très-gros revenu du produit de ces travaux , indépendamment de l'avantage qu'elle auroit , de faire fubfifter plus de deux mille familles , & celui de fe procurer par-là un furcroit de débouché, pour fes denrées.

Il ne faudroit pas même des fommes confidérables , pour former trois à quatre établiffemens complets dans ce genre. Cinquante mille livres par année, pendant 5 ans, feroient plus que fuffifantes ; & je vais faire voir qu'au bout de la fixième année , ces avances feroient non feulement rentrées, mais que la dépenfe des établiffemens fe trouveroit foldée; & avec tout cela, je ne voudrois pas confommer un pouce de bois , au delà de celui qui feroit néceffaire pour les bâtimens & les menus uftenciles ; parce que la méthode de traiter toutes ces efpéces de minéraux par le Charbon de Terre , eft actuellement très-connue.

Voici la manière dont je m'y prendrois, fi j'étois chargé de pareille befogne , & je m'en rapporte à quiconque eft au fait de ces fortes de travaux, fi j'avance rien au hafard.

1°. Je choifirois, parmi les différentes Mines de la Province, celles qui font à portée des Charbons de Terre , & qui m'ont paru fûres : J'attaquerois , par exemple, celles de Maifoux, de Paleirac & de Lanet , au Diocèfe de Narbonne, qui font à portée des Charbons de Terre de Ségure : celles de Caffillac, las Fonts & Douts , dans le Diocèfe de St. Pons, qui font à portée des Charbons de St. Gervais : celles des environs d'Avenes , au Diocèfe de Beziers , où l'on peut fe fervir des Charbons de Graiffeffac.

2°. Je me garderois bien de faire la moindre dépenfe en bâtimens , qu'au préalable je n'euffe tiré du minéral en quantité fuffifante, pour payer les avances des travaux & les dépenfes des bâtimens, & que je ne me fuffe affuré de la folidité & de la durée des Mines ; ce que deux années au plus, de travail, me mettroient à coup sûr, en état de connoître.

3°. Je ne mettrois d'abord, dans ces travaux, que les Ouvriers suivans.

SAVOIR :

A Maïfoux, & à Paleirac	6 Mineurs & 1 Maître Mineur.
A Lanet	2 Mineurs & le Maître Mineur ci-deffus y veilleroit.
A Caffillac, las Fonts, & Douts . . .	6 Mineurs & 1 Maître Mineur.

En tout, vingt Mineurs & trois Maîtres Mineurs, à raifon de cinquante livres chacun par mois, y compris la poudre & les outils, feroit . . . 1150 liv.

plus 20 Manœuvres, à 30 liv. par mois . . . . . 600 liv.

1750 liv.

ce qui feroit par année . . 21000 liv.

pour frais d'approvifionnement, & honoraires de l'Infpecteur & Caiffier, évalué à . . . . . . 9000 liv.

TOTAL de la dépenfe de la première année. . . . 30000 liv.

Il resteroit en caisse 20000 liv. pour augmenter les Mineurs l'année suivante, ou à mesure qu'on trouveroit à les placer à profit.

4°. La seconde année, les travaux se trouveroient augmentés du double, & il resteroit en caisse 20000 liv. qui seroient employées à la construction de la première fonderie & autres usines sur les Mines où il y auroit le plus de Minéral extrait, ce qui formeroit le premier établissement, dont le produit formeroit les autres.

5°. D'après la loi que nous nous sommes faite, de n'établir de Fonderie sur aucun endroit, que lorsqu'il y auroit assez de Minéral extrait, pour payer les frais de son extraction & la dépense des bâtimens, les premières fontes fourniroient de quoi rembourser à la caisse, les frais faits jusqu'alors sur les travaux, & de quoi les continuer, & dès-lors ce premier établissement n'auroit plus besoin des fonds de la caisse d'avance.

6°. La quatrième année, je formerois le second établissement, parce qu'il n'est pas possible qu'en attaquant trois ou quatre filons dans un même endroit, ils ne

L 3

fourniffent pas, les uns portant les autres, de quoi rembourfer les frais du travail, & payer la dépenfe des bâtimens, autrement on n'en auroit pas fuivi le travail : ainfi, dès cette quatrième année, le fecond établiffement fe foutiendroit par lui-même, & fe paffetoit des fonds d'avance qui fe trouveroient rembourfés par le produit des premières fontes.

7°. Je bâtirois la troifième fonderie à la cinquième année, dont les produits acheveroient de rembourfer les fonds d'avance, & pour lors tous ces établiffemens fe foutiendroient par euxmêmes.

Enfin la fixième année, je ne toucherois point aux profits que ces trois établiffemens procureroient, afin de former un fonds de caiffe, qui fût en état de pourvoir à des befoins imprévus, foit pour augmenter les travaux établis, foit pour former de nouveaux établiffemens fur des Mines qu'on pourroit découvrir par la fuite, ou fur quelques-unes de celles dont nos tournées ont procuré la connoiffance, & qui font en grand nombre.

De cette manière, au bout de fix

ans, la Province fe trouveroit en état de jouir du produit de fes Mines, fans qu'il lui en coutât un fou, que les avances qu'elle auroit faites, & dont elle fe trouveroit rembourfée ; & j'ofe affurer qu'elle fe formeroit par-là un revenu des plus confidérables.

Pour rendre ces établiffemens folides, & en tirer tout le parti dont ils font fufceptibles, voici l'ordre de régie, que j'eftimerois que la Province devroit fuivre en pareil cas.

1°. Il conviendroit que tous les ans, à la tenue des Etats, il y eût un Comité particulier pour les Mines, où le Caiffier général, ainfi que l'Infpecteur, rendroient compte de tout ce qui s'eft paffé dans les trauvaux, pendant l'année, ainfi que de leur produit, & des dépenfes qu'ils auroient occafionnées, & où l'on délibéreroit fur tout ce qu'on eftimeroit convenable de faire l'année fuivante.

2°. Qu'il y eût un Caiffier général, au fait du Commerce, qui recevroit & vendroit tous les métaux qui ne feroient pas vendus fur les lieux, & dans la caiffe duquel feroient verfés tous les bénéfices qui en proviendroient, dont il rendroit compte au Comité, d'après les comptes

L 4

qu'il fe fairoit rendre aux Caiſſiers particuliers dont nous allons parler.

3°. Chaque établiſſement doit avoir ſon Caiſſier particulier, pour vendre les métaux qu'on peut aller chercher ſur les lieux, à l'exception de l'or & de l'argent, qu'on doit envoyer au Caiſſier général, pour être portés à la Monnoie, payer les gages des Ouvriers, & les approviſionnemens de toute eſpéce; recevoir les minéraux, & les livrer aux Fondeurs; recevoir, de ces derniers, les métaux, à meſure qu'ils ſont affinés, en obſervant que les peſées ſoient faites en préſence du Directeur & du Maître Fondeur, qui doivent ſigner les regiſtres à chaque livraiſon, & enfin tenir les livres de recette & dépenſe de toute eſpéce. Cet emploi peut être donné à tout homme d'une probité reconnue, pourvu qu'il ſoit en état de tenir les livres, & de balancer un compte.

4°. Il n'en eſt pas de même du Directeur des travaux, qu'on doit avoir ſur chaque établiſſement; qu'on ſe garde bien de confier ces emplois à quiconque ne juſtifiera pas avoir paſſé pluſieurs années ſur ces ſortes de travaux! Ici la théorie ne ſuffit pas; il faut de l'expérience, & une longue expérience : je conviens que ces gens là font rares chez nous ; mais , à tout prendre , il eft des Maîtres Mineurs , & mêmes de fimples Mineurs , dont on peut faire d'excellens Directeurs : Il eft vrai qu'on trouve rarement dans ces gens là , cette délicateffe de fentimens que l'éducation infpire , & qui influe confidérablement fur la régie d'une entreprife ; mais ils ne feront pas moins en état de bien conduire , à défaut d'autres.

5°. Ne vous contentez pas de leur donner des appointemens convenables , accordez-leur en outre une petite portion ; par exemple , d'un ou de demi pour cent fur les bénéfices ; c'eft le feul moyen de fe les attacher , & de les rendre attentifs à tout ce qui peut contribuer au bien de l'entreprife. Ces deux Officiers , le Directeur & le Caiffier , fuffifent pour chaque établiffement. Un plus grand nombre feroit nuifible dans un commencement.

6°. Pour prévenir tous les abus qui fe commettent dans les travaux fouterrains , il eft effentiel de prendre le fage parti que voici. Toutes les fois que les travaux pourront le comporter , il faut s'arranger avec les Mineurs , à tant par quintal de minéral net, qu'ils vous livreront, & les rendre responsables de celui qu'ils laisse-roient perdre dans les décombres; & sur les marchés qu'on fera avec eux, il faut qu'ils soient chargés d'entretenir, à leurs frais, leurs outils, de payer la poudre, l'huile, le coton, le soufre, le papier, & généralement tout ce qui est nécessaire à leur travail. Je ne dis pas que ce soit eux-mêmes qui doivent se pourvoir de tous ces attirails : Il faut leur en faire l'avance, & en retenir le montant, sur le prix du Minéral qu'ils fournissent.

A l'égard des endroits maigres (car il y en a toujours) où le Minéral n'est point assez abondant pour payer le salaire des Mineurs, il faut leur payer leur travail à tant la toise, suivant la dureté du ro-cher, & les obliger sur-tout à trier le minéral qu'ils rencontrent.

Quant au minéral qu'on appelle Mine de Pillon, qu'on ne sauroit trier à la main, il faut également la faire laver à tant le quintal, & prendre garde qu'il soit bien lavé.

De cette manière, tout le monde sera intéressé à bien employer son tems. On aura beaucoup plus de minéral, & l'on ne sera point exposé à payer un tems que

les Ouvriers ne manquent jamais de perdre lorfqu'ils font à la journée. Voyez,
fur tous ces objets, la Préface du premier volume de notre Traité des Fontes
par le Charbon de terre, *in* 4°.

Il nous refte un mot à dire fur l'Infpecteur, qui doit être chargé de veiller
à la conduite & à la régie de tous ces
établiffemens, dont on doit le regarder
comme l'ame. Il doit vifiter tous ces travaux l'un après l'autre, au moins tous les
trois mois, & fur-tout lorfqu'il y furvient
quelque chofe d'extraordinaire; il doit
avoir une correfpondance fuivie avec tous
les Directeurs, quinzaine par quinzaine,
afin de donner des ordres relatifs à tout
ce qu'on lui marquera; parce que c'eft
d'après fes avis, fes lumières, & fes
connoiffances, que tout doit être conduit
& dirigé : il doit veiller à la conduite de
tous les Employés, & les punir ou les faire
récompenfer, fuivant l'exigence des cas.
On fent de-là de quelle importance il eft
de ne jamais confier cette place qu'à un
homme confommé dans ces fortes de matières, & qui foit fur-tout au fait des
queftions que nous avons propofées à la
fin du Difcours Préliminaire du premier
Volume de cet Ouvrage. Nous le répé-

tons ici : il n'eft point de profeſſion au monde , qui exige autant de connoiſſances variées , que celles d'un Inſpecteur des Mines ; Phyſique , Hiſtoire Naturelle, Géométrie , Méchanique , Hydraulique, Docimaſie , Chymie , Pyrotechnie ; toutes ces Sciences ſont du reſſort des Mines ; diſons plutôt que celles-ci ſont du reſſort de toutes ces Sciences.

Tel eſt l'ordre général qu'il conviendroit de ſuivre , pour l'exploitation des Mines de la Province de Languedoc, & pour en faire une des principales parties de ſon Commerce.

HISTOIRE
NATURELLE
DE LA PROVINCE
DE LANGUEDOC,
PARTIE MINÉRALOGIQUE
ET GÉOPONIQUE.

CHAPITRE PREMIER.

DIOCÈSE
DE NARBONNE.

NOUS avons commencé la visite de ce Diocèse, par la partie qui confronte au Diocèse de Beziers. Tout le terroir qui s'étend depuis Nice jusques vers Capeftan , Salies , Monteil & Truillas , confifte en terres fortes , & nous a paru excellent; tout y eft en beaux vignobles & en terres labourables , paffablement garnies d'oliviers & de quelques mûriers. L'étang ou marais de Capeftan , qui étoit prefque à fec lorfque nous y avons paffé, pourroit très-bien être entièrement defféché , fi on avoit foin de creufer un peu plus la faignée qui fe jette dans l'Aude. Nous y avons vu , avec plaifir , que les Habitans défrichent , à mefure que les terres fe defféchent.

Le terrain devient plus montueux vers Puiferguier & Quarante ; mais une partie s'applanit vers Argiliers & Geneftas. Tout ce territoire eft fablonneux ; mais il n'en eft pas moins d'un excellent rapport en bleds de toute efpéce , en vins & en huile , ce qui continue jufqu'à Bize; mais tout ce qui eft en montagnes, eft la plûpart en garrigues , & confifte en roches calcaires.

Tous les environs de Bize font remplis de Mines de Charbons de Terre ; ceux qui fe trouvent entre Bize & le pont de Cabeffac font par trop bitumineux , & ont par conféquent beaucoup d'odeur; ils peuvent néanmoins être employés à la cuif-

fon de la chaux & autres menus ufages ;
mais ceux qui fe trouvent à un petit
quart d'heure au deffus de Bize, proche
l'ancien moulin à papier, font de très-
bonne qualité ; il y en a ici un nombre
de veines paralleles les unes aux autres,
qui nous ont paru toutes abondantes &
bien réglées. Nous avons fait fonder trois
de ces veines, & nous avons trouvé le
véritable charbon entre douze & quatorze pieds de profondeur : l'exploitation
de ces veines ne peut être que d'un très-
grand avantage à la Ville de Narbonne, &
même à toutes les Villes du Haut-Langue-
doc, attendu que ces Mines font fituées
à une petite lieue du Canal Royal, &
qu'on peut les y voiturer en plat pays.
On trouve, au deffus de la papeterie,
au lieu appellé le Pas de la Corne, des
carrières de Marbre de plufieurs efpéces : il eft la plûpart de couleur ifabelle,
veiné ou plutôt moucheté de taches d'un
brun violet ; il y en a auffi du rouge, du
blanc veiné de brun, &c.

A un petit quart d'heure des Mines
de charbon, au lieu appellé St. Aulaire,
fur le chemin de Montaulieu, on trouve
de très-bonnes mines de fer ; elles font
d'une efpéce que je n'ai point encore vu

dans la Province, & les Minéralogiftes mettent cette efpéce de mine au nombre des plus rares : elle confifte en grenaille ronde, femblable à la dragée de plomb; elle eft fort pefante, & donne ordinairement du fer de la première qualité : cette efpéce de minéral eft ici très-abondante.

Tout le vallon de Bize eft très-bien cultivé, & abonde en vignobles & en mûriers ; mais les bas-fonds y font fort fujets aux inondations de la petite rivière de Ceffe, qui y fait annuellement beaucoup de dommage. Il y a à Bize une des plus fortes manufactures en Drap de la Province. La teinture de ces draps, y caufe une confommation confidérable de bois, qui y devient fort rare ; mais il y a lieu d'efpérer que lorfque l'exploitation des mines de Charbon fera en plein travail, on en fera ufage pour ces teintures; c'eft du moins à quoi s'attendent les Entrepreneurs de cette Manufacture. Tout le territoire qui eft au nord de l'Aude, depuis Bize, Maillac & Parafa, jufqu'à Pouzols & Homs, eft couvert d'Oliviers, de Vignobles & d'excellentes terres labourables ; le terroir y eft médiocrement pierreux, & d'une très-bonne qualité.

Le

Le terrain devient plus fablonneux, depuis St. Nafaire jufqu'à Narbonne; ce qui comprend les territoires de Lezignan de Mouffan, Nevian & Montredon; il eft auffi moins fertile : on y trouve cependant d'affez bonnes terres labourables, quelques vignobles, mais peu ou point d'oliviers. Nous avons remarqué d'affez bonnes marnes aux environs de Nevian ; mais on ne trouve aucune efpéce de mine dans tous ces cantons.

Les environs de Narbonne confiftent en excellens terroirs très-bien tenus ; tout ce qui eft au deffus & au couchant de la Ville eft en vignobles & en terres labourables ; il y a quelques praires le long de la Rabine, de l'Aude. La partie au levant de la Ville, du côté du Bourg, confifte en excellens jardinages & en vergers ; mais en defcendant vers la montagne de la Clape, le terrain y devient fort humide & fort falé, & conféquemment de moindre produit, tous ces bas-fonds font même fouvent inondés par le reflux de l'étang, qui les rend en quelque forte ftériles.

Les montagnes de la Clape font la plûpart incultes, & confiftent en garrigues & en pâturages ; les côteaux de ces monta-

Tome II. M

gnes du côté de la Mer, sont cependant garnis d'assez bons vignobles. Toute la plaine qui borde la Mer, depuis Gruissan jusqu'à Colombiés & Pérignan, est passable du côté de la montagne, quoique le terroir y soit sablonneux; mais toute la plage est inculte, parce qu'elle est lavée, dans les gros tems, par les eaux de la Mer.

En remontant depuis Narbonne vers l'Abbaye de Font-Froide, le terrain devient très-montueux : il y a néanmoins quelques bas-fonds très-bons en terres labourables, quelques vignobles, mais peu d'oliviers. Le territoire de St. Martin a beaucoup de bois taillis bien garnis, consistant en pins & en chênes blancs & verts : les terres labourables y sont d'une excellente qualité, & produisent beaucoup.

Il y a aux environs de l'Abbaye de Font-Froide, un assez bon canton d'oliviers, qui sont très-bien tenus.

Tout le bas des Corbières, jusqu'à Gléon & Porteil sont inutiles & consistent en roches calcaires couvertes de bruyeres; il y a, dans tous ces cantons, une quantité considérable de carrières à plâtre : toutes ces montagnes seroient

très-propres à produire du bois, même
de belles forêts ; mais elles font couvertes de troupeaux de chevres, qui ne permettent pas même aux bruyères d'y
croître.

Le plat pays qui borde la Mer, depuis Bages jufqu'à Sigean, eft paffablement cultivé en terres labourables, qui
font cependant d'un modique rapport,
parce qu'elles ne confiftent qu'en terres
calcaires : il y a cependant quelques prairies & quelques bas-fonds fur la petite rivière de Berre, depuis le Village du Lac,
jufqu'à celui de las Tours, qui font paffables.

Les Salines de Peyriac, fur l'étang de
Bages, font bien tenues ; on y fait depuis quarante jufqu'à cinquante mille
minots de fel par année, plus ou moins,
fuivant les faifons féches ou humides :
Celles de Sigean font beaucoup plus éten-
dues ; cependant on n'y fait guere plus de
fel qu'à Peyriac. Il y a ici douze machines à roues, qui élèvent les eaux du canal, qui vient de l'étang à quatre pieds de
hauteur, & les verfent dans les féchoirs
ou baffins de criftallifation ; ces machines
font très-mal conftruites, & coûtent
prodigieufement d'entretien. La petite

plaine de Roquefort, au deſſus de Sigean, conſiſte en très-bonnes terres labourables & très-bien cultivées ; mais depuis Roquefort & la Palme, juſqu'à Fitou & Leucate, tout le terroir eſt preſque inculte : Il y a quelques terres légéres cultivées près la Barraque de la Palme : On remarque auſſi quelques quartiers de vigne, au près l'étang de Leucate ; mais de peu de valeur.

Tout le territoire de Leucate eſt très-ſablonneux, mêlé de beaucoup de roches calcaires, & peut être regardé comme très-ingrat : il n'y a guere que la pêche, qui faſſe ſubſiſter les Habitans de ces cantons.

Le terroir devient un peu meilleur du côté de Fitou ; mais il y eſt fort retreci entre l'étang & les montagnes des Corbières, qui, dans cet endroit, ſont toutes nues.

En remontant depuis Roquefort vers Porteil, les montagnes y deviennent eſcarpées & conſiſtent en pâturages. Nous avons trouvé, au près de Roquefort, une aſſez grande quantité de terres alumineuſes ; & il nous a paru qu'en fouillant au près de la grande route, on pourroit y trouver de la calamine.

On peut regarder le Village de Porteil comme un des meilleurs de la Province de Languedoc, les terres y sont excellentes, couvertes de très-beaux oliviers, de vignobles excellens; il y a des prairies & des pâturages considérables.

En remontant la rivière de Berre jusqu'au dessus de Gléon, on trouve quantité de très-bonnes terres incultes.

Le territoire de Villeseque est beaucoup plus montueux, & ne consiste qu'en pâturages & en quelques terres labourables : On remarque les mêmes qualités de terroir, jusqu'au dessus de Durban; depuis ce dernier endroit jusqu'à Ville-Neuve, on trouve quantité de roches de plâtre; tout ce canton en général ne produit guere que des bleds & des pâturages.

Le territoire de Cas-Castel est fort étendu, il y a beaucoup de terres labourables cultivées; mais il y en a bien davantage d'incultes, quoique très-bonnes. Ici les terres deviennent plus fortes & le terrain s'élargit à mesure qu'on avance dans les Corbières. On trouve auprès de Cas-Castel d'excellentes mines de fer, près le petit Village appellé Ville-Neuve. Il y a également aux environs de ce Village, des mines de plomb & de cui-

vre qui ne nous ont pas paru affez confidérables pour mériter quelque attention.
Le Village de Cas-Caftel eft entouré de
terres alumineufes.

En remontant la petite rivière qui paffe au près de ce Village, on trouve quantité de veines de différens marbres,
tous très-fins & très-bons : Il y en a du
noir veiné de jaune, communément appellé *portor* ; on y en trouve du blanc
& rouge, du gris tacheté de noir en forme de mofaïque. Il y en a du blanc fta-
tuaire vers la fource du ruiffeau ; mais il
eft fâcheux que la veine n'ait que dix-huit
à vingt pouces d'épaiffeur. On pourroit
cependant en retirer de blocs propres à
des buftes & à des bas-reliefs.

Depuis Cas-Caftel jufqu'à la montagne
du Tauch, fur le territoire de Tuchan,
ce n'eft qu'une forêt de buiffons de différens bois, fur une étendue de près de
2 lieues, la plûpart en très-bonnes terres:
on pourroit même y établir, en différens endroits, d'excellentes prairies ; car il s'y
trouve des fources affez abondantes qui
ne tariffent jamais, & qui feroient très-
propres à les arrofer.

A l'extrémité de cette forêt, du côté de
Segure, & fur un terrain appartenant à

l'Abbaye de la Graffe, il y a plufieurs veines de Charbon de Terre, qui nous a paru de fort bonne qualité, & qui, outre les befoins de ces cantons, deviendroit d'une grande utilité pour la Ville de Perpignan, qui n'en eft guere éloignée que de quatre lieues. Nous avons trouvé également de très-bonne mine de fer, au pied de la montagne du Tauch & à Segure, au près du ruiffeau, une mine d'argent, mêlée de mine de fer, ce qui eft d'autant moins furprenant, qu'il eft rare que les mines d'argent ne foient pas recouvertes par des couches de mine de fer, avec lefquelles elles fe trouvent plus ou moins mêlées.

La plaine de Tuchan & Paziols confifte en très-bonnes terres labourables & en prairies; il y a en outre un très-beau canton d'oliviers de la plus forte efpéce, & l'on nous affura qu'ils étoient en quelque forte les feuls qui avoient échapé à la gelée de 1709. Il y a auffi, fur les côteaux, quelques vignobles: Ce pays, en général, eft très-découvert & fort incommodé des vents de nord-ouest, qu'on appelle vent de Cers.

Nous avons trouvé, près le moulin de Paziols, deux veines de Charbon de

M 4

Terre, dont les têtes renferment beaucoup de bois fossiles semblables à ceux
de Cazarels, près St. Jean de Cuculles,
au Diocèse de Montpellier.

A un quart de lieue à l'est de Paziols,
il y a plusieurs couches considérables
d'un très-beau bol, qui ne le cede en
rien, ni en bonté ni en beauté, à celui
d'armenie ; on en a pris quelques voitu-
res pour la distillation de l'eau forte à
Perpignan ; & on nous assura, à Paziols, qu'il avoit très-bien réussi.

Le bol n'est autre chose qu'une terre
calcaire parfaitement dissoute par un acide ferrugineux, & qui contracte la qualité d'une espéce de terre glaiseuse. Il y
a quantité de ces sortes de terres dans
les environs de Paziols. A l'est de ce
Village, à la montagne de Villarzet,
derrière la Bergerie de St. Picard, on
trouve des couches de terre glaise grise,
dans laquelle il se forme des groupes de
selenites, ou *glacies maria* très-singulières:
on les prendroit pour des cristaux spatiques,
semblables à ceux d'Islande : au bas de ces
couches de glaise, il suinte une eau qui
coule le long d'une espéce de ruisseau, &
qui y dépose un sel neutre, qui a le goût
du sel sédatif, ou d'une espéce de sel d'ip-

fon. Nous nous étions propofés d'en ramaffer affez, pour en faire des effais ; mais les pluies qui vinrent pendant la nuit, le fondirent tout , & le lendemain nous n'en trouvâmes point, à notre grand regret ; mais le fieur Picard, qui eft Chirurgien de cet endroit, nous promit d'en ramaffer & d'en envoyer à l'Académie à Montpellier.

Depuis Segure , en remontant vers Paleirac , au pied de la montagne du Tauch , on ne trouve que des montagnes incultes, couvertes de brouffailles de chêne , qui feroient très-propres à former des forêts ; mais outre que ce pays eft couvert de chevres , c'eft que les Habitans s'occupent la plûpart à déraciner ces buiffons, pour avoir l'écorce des racines qu'ils vendent aux Taneurs, à raifon de quarante fous le quintal ; & le bois eft charbonné pour être vendu aux forges circonvoifines, qui n'ont d'autre bois affecté que celui que le peuple leur apporte, en déracinant & dévaftant tout ce que les chevres ne peuvent pas détruire.

Nous obferverons ici que ces montagnes, couvertes de gafons & de brouffailles , formeroient un riche pays pour les pâturages des bêtes à corne ; mais la deſtruction des bois donne priſe aux averſes & orages qui, ſur-tout en automne, ſont très-fréquens dans ce pays, & qui entraînent toutes les terres, & ne laiſſent que les roches à nud, ce qui, peu à peu, rendra ce pays impraticable.

Nous avons trouvé à Paleirac, une mine de plomb griſe, communément appellée mine de plomb en chaux, dans la vigne de Jacques Bouſſier, à un quart de lieue à l'eſt de ce Village ; cette mine eſt très-ſuſceptible d'exploitation, à cauſe de ſa proximité des Charbons de Terre de Segure : tout le terroir de Paleirac conſiſte en terres légéres : il n'y a guere que les bas-fonds, qui ſont peu étendus, qui ſoient un peu paſſables ; tout eſt ici en montagnes de ſchiſte, & en aſſez mauvais pâturages ; cette même qualité de terrain continue juſqu'au près de Meiſoux.

Toute la chaîne des montagnes, entre Paleirac, Meiſoux & Daveja, eſt remplie de mines de différente eſpéce. On en a travaillé quelques-unes dans ce ſiécle, près de Meiſoux ; mais un procès ſurvenu entre les intéreſſés, a déterminé le Conſeil d'ordonner la ſuſpenſion de ce travail, qui, depuis, n'a pas été repris.

Nous allons rendre compte de ces différentes Mines, qui mériteroient une attention particulière, d'autant plus qu'étant toutes dans de fortes roches, elles n'exigent pas, pour leur étançonnage, des bois confidérables, & que les fontes pourroient s'en faire avec de charbon de terre, de Segure, qui n'en eft éloigné que d'une lieue & demie.

Voici le nom des principales mines qu'on pourroit exploiter dans ces cantons.

1°. Les mines de cuivre & argent, aux lieux appellés *la Canale & Peyre couverte.* 2°. Celles de Sarrat d'Empoix; celle-ci eft fort riche en argent, le fond de la galerie eft bouché par un mur fait à chaux & à ciment; en forte que nous n'avons pu pénétrer dans les derniers travaux qui ont été faits. Le nommé Sauveur Certa qui y a travaillé, nous a affuré que, lors de l'abandon, la mine d'argent avoit deux pieds de minéral pur.

3°. Une mine de plomb à l'Abeilla, dans le champ de Sirven.

4°. Au lieu de Peifegut, un filon d'argent & cuivre.

5°. Aux Cofteilles, un très-beau filon de mine d'argent, mêlé de bleinde. Le fommet de ce filon avoit été attaqué anciennement par les Romains ; & en dernier lieu, ceux qui exploitoient la mine de Sarat d'Empoix y commencerent un puits qui n'a que trois toifes de profondeur, & qui eft rempli d'eau.

Le même Certa nous a affuré qu'il y a, au fond de ce puits, deux pieds & demi de minéral, mêlé de beaucoup de bleinde.

6°. Au lieu appellé *les Fouffades*, il y a une mine de plomb très-pure. En général, toutes ces montagnes font remplies de différens minéraux, fur-tout de mines d'argent, & de mines de cuivre azur.

Le territoire de Meifoux eft varié : il y a d'excellens jardinagus au près du Village ; les bas-fonds y font très-bons & étendus ; les bas des côteaux ne font que des terres légéres, paffablement cultivées ; les hauts des montagnes confiftent en pâturages couverts de chevres ; car, dans tous ces cantons, on n'y connoît pas d'autre menu bétail.

Le territoire de Daveja eft très-découvert, & confifte en terres fchifteufes.

On trouve, au près de ce Village, quantité de mines de fer qu'on exploite. On trouve, de l'autre côté de Meifoux, la forge de Mont-Gaillard, qui ruine toutes les Communautés circonvoifines, par la dévaftation des bois qu'elle occafionne. Ici chaque particulier eft libre de couper & charbonner les bois de fa Communauté, & l'apétit d'avoir quelque argent comptant, leur fait abandonner la culture de leurs terres, pour faire du charbon. Les Confuls de ces Communautés nous ont obfervé que nombre de leurs Particuliers fe font totalement ruinés en abandonnant la culture de leurs héritages pour le fervice des forges; & nous ne concevons pas comment le Confeil, fi circonf-pect fur ces objets, a pu permettre l'établiffement de ces forges, dans un pays totalement dénué de bois, ce qui ne peut qu'entraîner la ruine entière des Habitans.

On a travaillé autrefois à une mine de Jayet, au prés de Roufia; & on y faifoit encore, dans ces derniers tems, d'affez beaux ouvrages; mais le minéral y eft entièrement épuifé.

On trouve, à Fortou, une fource falée, plus ou moins abondante dans les

différentes faisons de l'année, cette fource a cela de particulier, que dans les
tems des pluies, elle est beaucoup plus
salée que dans les tems de sécheresse;
c'est qu'alors les eaux pluviales pénétrent
des terres salées, en dissolvent les sels,
& se joignent aux eaux de la source,
qui deviennent alors, tout à la fois, plus
abondantes & plus salées; il arrive même
que, dans les plus beaux tems, elle devient quelquefois très-trouble; elle est
gardée par des brigades des fermes, pour
que les bestiaux, ni personne, ne fasse
usage de ces eaux. A peu de distance de
cette source, on en trouve une autre
d'eaux thermales ou d'eaux chaudes,
dont on ne fait aucun usage.

Tous les cantons dont nous venons de
parler ne produisent que du bled ordinairement très-beau : il y a passablement de prairies, &, généralement parlant, les montagnes n'y sont pas assez escarpées, pour
ne pas former de très-beaux pâturages
pour les bêtes à corne & à laine. Si on
n'y étoit pas dans l'habitude d'y entretenir un si grand nombre de chevres, dont
le rapport est bien moindre que celui des
autres bestiaux, & qui dévastent toutes
ces montagnes.

En defcendant depuis Daveja vers Felines & Ville-Rouge, le territoire eft parfaitement cultivé : il y a ici de très-bonnes prairies ; & les terres, quoique légéres, y font d'un très-bon produit. Tous les environs de Ville-Rouge confiftent en terres ocreufes fort rouges, ce qui n'empêche pas que les récoltes en bled n'y foient paffables. Il y a, au près de ce Village, quantité de mines de fer de très-bonne qualité, elles font exploitées par des payfans, qui ne font que prendre celle qu'ils trouvent à la furface, en faifant différens trous, à côté les uns des autres, ce qui, dans la fuite, rendra ces mines inexploitables. Il feroit bien plus avantageux de prendre ces mines par une galerie pratiquée au près du ruiffeau qui paffe au pied de cette montagne, & aller couper les veines du minéral, qui font très-abondantes dans ces cantons.

En remontant de Ville-Rouge vers Thermés & Lanet, on ne trouve que de hautes montagnes efcarpées, couvertes de menues brouffailles & incultes ; il y a cependant quelques bas-fonds fort étroits, qui font paffablement cultivés, avec quelques prairies le long de l'orbieu.

A Auriac, un peu au deſſus de Lanet, il y a une forge qui a ſes bois affectés, appartenant au propriétaire de la forge, ce qui n'empêche pas qu'on n'y reçoive journellement une quantité de Charbons que les Habitans des Communautés circonvoiſines y apportent, parce que les maîtres des forges n'ont garde de toucher aux bois affectés à cette forge, & en faveur deſquels ils ont obtenu cet établiſſement.

En remontant de Lanet vers Buiſſe, nous avons trouvé pluſieurs filons de très-bonnes mines de cuivre qu'on avoit ouvertes il y a une quarantaine d'années; mais dont les travaux ont ceſſé en même tems que ceux de Meiſoux.

On trouve dans une eſpéce de terre glaiſe, près d'une de ces mines, une quantité conſidérable de noix pétrifiées, qui ſont très-bien conſervées; il y en a même qui ſont dépouillées de leur première enveloppe, & dont la coquille pétrifiée a conſervé ſa couleur naturelle.

Le minéral de ce canton renferme beaucoup de cette eſpéce de mine que les Allemands appellent *Peckerts*, & que nous pouvons nommer mine de cuivre bitumineuſe;

bitumineufe ; elle reffemble en effet au jayet, & paffe pour donner le plus beau cuivre connu.

Il y a auffi de la mine de cuivre jaune pyriteufe ; & l'on y trouve également de la mine de cuivre azur.

En montant de la Ville de Bouiffe & Montjoie, le territoire, quoique bon, y devient beaucoup plus ftérile, & ne produit guere, dans ces hautes montagnes, que quelques feigles & des avoines ; mais, en revanche, on y trouve de bonnes prairies & des pâturages magnifiques. Les environs de Bouiffe préfentent une perfpective admirable, & il ne manque, pour faire de ces endroits un pays charmant, que d'être de quelques centaines de toifes trop près du Ciel. En fe portant delà vers Miffegre, le territoire change totalement de nature, les terres y deviennent calcaires : toutes les montagnes des environs de Miffegre font remplies de marbres de différente efpéce, la plûpart couleur ifabelle, & rouge, de la nature des brocatelles.

En général, les Corbières font un véritable pays de bled ; on y en recueille confidérablement, on y trouve quelques cantons de vignobles peu confidérables. Les

Tome II.   N

habitans tirent leur vin du Rouſſillon : les prairies n'y ſont pas rares, & ſont toutes ſuſceptibles d'être arroſées, parce que les ſources y ſont très-communes.

Il eſt étonnant que ces montagnes, ſi propres à produire de belles forêts, ne ſoient couvertes que de bruyeres & de buiſſons, & qu'on n'y remarque pas un ſeul pied d'arbre, propre à bâtir; on eſt obligé de les tirer, à gros frais, du Diocèſe d'Alet.

Nous avons remarqué, dans ces cantons, trois abus impardonnables, (nous le répétons) 1°. trois forges qui ne ſont pas faites pour un pays dévaſté de bois; 2°. l'habitude où eſt le menu peuple, d'ôter l'écorce des chênes, à meſure qu'ils naiſſent, & qu'on arrache pour avoir celle des racines; 3°. les troupeaux immenſes de chevres qu'on laiſſe paître indifféremment par-tout, & dont ces montagnes ſont preſque couvertes.

Le pays change totalement de face, dès qu'on deſcend dans le Bazés, qu'on appelle auſſi le petit Diocèſe de Limoux.

Toute la plaine du Bazés conſiſte en excellentes terres fortes, très-bien culti-

vées ; les vignobles y font très-nombreux
& remplis d'arbres fruitiers ; les éminen-
ces qui fe trouvent dans cette plaine, y
font fablonneufes & couvertes de vignobles. Il y a dans ce pays , fur-tout aux
environs de Limoux, des marnes excellentes ; mais dont un feul particulier ,
M. de Gua, a fu faire ufage, depuis trois
ou quatre ans , même en dépit de la ri-
fée de tous fes voifins , qui le prenoient
pour un vifionnaire. Cet habile Phyficien
Cultivateur a confirmé un foupçon que
nous avions , & dont nous avons fait
mention dans le premier volume de cet
Ouvrage. Nous propofions , comme un
problême , d'effayer fi les marnes ne feroient point avantageufes aux mûriers ;
M. de Gua a marné un très-beau canton
de mûriers, en y plaçant la marne , de la
même manière qu'on y place le fumier
ordinaire , & il n'y en a pas un feul qui
ne foit devenu de la plus grande beauté ;
leurs feuilles ont confidérablement augmenté ; elles font plus vigoureufes &
mieux nourries que d'ordinaire , & fes
vers-à-foie s'en font très-bien trouvés.
Une découverte de cette nature ne fauroit trop exciter l'attention de la Pro-

vince, & ne peut qu'engager les peuples à imiter cette méthode.

M. de Gua a également marné ses vignes; & depuis cette époque, il fait, de l'aveu de tout Limoux, le meilleur vin du canton.

On trouve près de St. Policarpe, sur la montagne de Perche-Merle, des mines de cuivre, qui ne nous ont pas paru considérables. Il y a, au pied de cette montagne, d'excellentes terres à Potier, qui font naturellement d'un très-beau rouge. On a fait aussi quelques tentatives pour chercher du Charbon de Pierre, entre Ville-Longue & Ajac; mais nous estimons que ces veines ne font que des mines de Jayet.

Nous obferverons ici, que, depuis que nous eumes passé à Missegre, nous avons été informés, par M. Ormieres, ancien Curé de cet endroit, & à préfent Curé à Bagnoles dans le Minervois, qu'il y a une mine d'or fur la montagne, au deffus de Missegre, & qui confronte avec le Diocèfe d'Alet : il m'affura même que le Confeil avoit défendu aux habitans de ce Village, d'aller ramaffer de cet or, parce que l'appât de ce métail leur faifoit abandonner la culture de leurs terres.

Comme nous n'en eumes aucune infor-
mation fur les lieux, nous rendrons compte de cette mine lorfque nous ferons
notre tournée dans le Diocèfe d'Alet.

Du Bazés nous nous fommes repliés
vers la Graffe, fur le terroir de Tournif-
fan & de Taleyran : le terrain eft ici bien
cultivé, mais pierreux, une grande partie
en garrigues.

En defcendant vers St. Laurent, on y
trouve un territoire admirable, couvert
d'oliviers, de vignobles & d'excellentes
terres labourables : il y a à Ville-Rouge
la Cremade, à peu de diftance de St.
Laurent, d'abondantes mines de Fer.

Les bas-fonds, depuis Couftouge &
St. Laurent, jufqu'à Font-Froide, font
très-bons & bien tenus; les montagnes y
font la plûpart incultes & en pâturages.

Ce ne font plus que des roches calcaires & peu cultivées, depuis Font-Froide
jufqu'à la plaine de Narbonne; tous ces
cantons font arides & de peu de rapport;
on y cultive cependant quelques mûriers.

En nous repliant à l'oueft de Narbonne, nous avons traverfé la plaine de
Ville-Dagne & Lefignan, qui confifte en

N 3

terres labourables affez maigres ; tant
parce que le terrain y eft aride , que
parce qu'il eft rempli de gros gravier ou
cailloutage ; toute cette plaine , qui eft
très-bien expofée, feroit cependant fuf-
ceptible d'amélioration; on pourroit même l'arrofer toute entière avec les eaux
de l'Orbieu , & en faire un des plus
riches cantons de la Province.

Nous n'eftimons pas que le projet qui
avoit été donné aux Etats , d'arrofer ce
terrain avec les eaux de la rivière d'Aude , foit préférable à celui de l'arrofer
avec celles de l'Orbieu ; 1°. parce que
la dépenfe en feroit beaucoup plus confidérable : 2°. parce que les eaux de l'Aude n'en pourroient arrofer que la partie inférieure , au lieu qu'il n'y a pas un coin
de cette grande étendue de terrain, qui
ne puiffe être arrofé par les eaux de
l'Orbieu.

La plaine d'Azille , depuis Homs jufqu'à Caunes, qui comprend les territoires
de Rieux , Pepieux, Laure & Peyriac,
eft un des plus fertiles territoires que
nous ayons trouvé dans le Diocèfe de
Narbonne; elle eft, pour la plûpart, couverte d'oliviers, & confifte en terres labourables & en excellens vignobles. On

trouve à Caunes, de la manganaife noire, vulgairement appellée périgueux, dont on vernit les ouvrages de poterie : il y a ici quantité de marbres de différente efpéce, qu'on exploite ; il y en a d'incarnat, connu fous le nom de marbre du Languedoc, du bleu turquin, de la griotte d'Italie, du gris moucheté, & d'une autre efpéce, connue fous le nom de cervelas ; ce dernier n'eft autre chofe qu'un amas de tenites pétrifiées dans un fond de vafe rougeâtre qui leur fert de bafe : les environs de Caunes, quoique très-pierreux, font la plûpart couverts de vignobles.

En remontant de Caunes vers Citon & Caftan-vieil, on ne trouve que des roches la plûpart incultes, & un pays pitoyable ; auffi les habitans nous y ont paru dans un état de mifére. Il y a à Citon, & fur-tout à Caftan-vieil, d'excellentes mines de fer, elles font à la montagne, à droite, entre Caftan-vieil & l'Efpinaffière.

Tel eft en général le Diocèfe de Narbonne, un des plus confidérables de la Province. Nous avons eu un foin particulier de prendre des échantillons de tout ce que nous y avons

N 4

trouvé de curieux & d'intéreffant ; &
les avons remis & récommandés aux
Confuls des endroits refpectifs , pour
être envoyés au Syndic du Diocèfe,
qui s'eft chargé de les faire paffer à
Meffieurs les Syndics-Généraux de la
Province.

CHAPITRE II.

DIOCÈSE
DE St. PONS.

LA partie de ce Diocèse qui confronte la plaine d'Azille, & qui est connue sous le nom de Minervois, comprend les territoires de Cire, Sesseras, Olonzac & Oupiac ; elle consiste en très-bonnes terres labourables, en vignobles & plantations d'oliviers, du moins pour la partie de ce canton qui est en plaine ; mais la partie montueuse du côté du nord est presque inculte, & ne renferme que quelques cantons cultivés, tout le surplus est en garrigues.

En remontant de Sesseras, le long de la montagne, jusqu'à St. Julien, on trouve également beaucoup de terres incultes, entremêlées de quelques cantons de terres labourables d'un affez modique produit, parce que ce territoire ne confifte qu'en roches calcaires la plûpart nues, & le furplus n'a que très-peu de profondeur en terre cultivable. Le terrain change aux environs de St. Julien, il y devient fchifteux & de meilleur produit. Il y a ici de très-bonnes prairies & d'excellens pâturages. Dans toutes ces montages nous avons examiné à St. Julien, la carrière qui fournit des meules de moulin à la plus grande partie de la Province : cette carrière confifte en un banc de pierre calcaire, parfemé d'un filex très-dur, de l'épaiffeur de quinze à vingt pouces, & tout au plus de deux pieds: Il fe trouve à la profondeur de quinze pieds dans terre, & eft recouvert par un autre banc de roche calcaire fimple, qui a toute cette épaiffeur; en forte que, pour extraire ces meules, on eft obligé de couper & de deblayer le banc fupérieur qui eft très-dur, & qui coûte un travail fort difpendieux : nous avons remarqué quelques marnes fur ces hauteurs, elles y font d'une modique qualité, à caufe de leur mélange avec les roches calcaires.

En defcendant le long de la rivière de Ceffe, nous avons vifité ce qu'on appelle la beaume de la coquille. Cette caverne fe trouve fituée à mi-côte des bords efcarpés de cette rivière : fon entrée peut avoir deux toifes & demie de largeur, fur dix à douze pieds de hauteur. Il paroît que cette entrée a été autrefois murée, & il fubfifte encore une partie de ce mur. A mefure qu'on avance, on voit que la caverne fe fépare d'abord en deux parties; celle qui va à droite n'avance pas bien avant; mais la partie à gauche s'élargit confidérablement, & peut avoir quinze à dix-huit toifes de largeur, en pourfuivant fon chemin en avant d'une quarantaine de toifes, la caverne fe divife encore en deux; la branche à gauche, qui va fort avant, eft prefque entièrement garnie de magnifiques ftallactites & de ftallagmites. Il y a ici une pyramide de cette dernière efpéce entièrement ifolée; elle a feize à dix-fept pieds de hauteur, fur une bafe de fix bons pieds de diamètre : on ne peut rien voir de plus beau que la variété des configurations que les eaux ont produites, en formant ce morceau unique : il y a, entre autres, un aigle impérial qu'on diroit être fait de main d'homme; j'ai également été frappé d'une figure qui repréfente une toifon, avec la tête de l'animal.

La fubftance de cette pièce eft auffi dure que le caillou, & d'un très-beau blanc.

Comme elle eft ifolée, & qu'elle n'eft diftante du rocher que d'environ trois pieds, il feroit facile d'avoir ce morceau entier; fon extraction de la caverne ne feroit pas difficile, mais il feroit coûteux de le monter le long du côteau efcarpé jufqu'au fommet, d'où l'on pourroit le conduire aifément par-tout où l'on voudroit.

Un autre morceau qui ne nous a pas moins frappé dans ce vafte fouterrain, & qui fe trouve à quelques toifes plus loin que la pyramide, eft une demi-élipfoïde fort arrondie par le haut, & qui eft furmontée par trois efpéces de couronnes, bien formées, l'une au deffus de l'autre, avec un globe au deffus, qui termine la figure, qui a environ neuf pieds de hauteur, & dont la bafe a trois pieds & demi de diamètre, à peu près.

On ne peut rien voir de plus curieux & de plus joli que la variété des rideaux & des franges prefque uniformes, & des draperies qui entourent cette pièce, qui feule formeroit une décoration de fontaine fans prix.

On ne fe laffe point de voir la beauté des rideaux & des configurations tout-à-lafois bifares & magnifiques, qui tapiffent le parois de cette grotte : il y a des endroits où l'on remarque une fuite de colonnes, dont l'enfemble repréfente parfaitement de grands buffets d'orgues ; dans d'autres endroits, ces ftallactites repréfentent des offemens & des fquelettes de différens animaux.

Ce qui nous a encore fingulièrement affecté, ce font des cuvettes chantournées & fort régulièrement façonnées, qui fe font formées à la bafe des parois de cette grotte, & qui font pleines d'une eau très-limpide : cette branche de la caverne fe termine par une fente que les ftallactites ont prefque entièrement remplie, & qui ne permettent pas d'aller plus avant de ce côté là.

La grande branche à droite eft beaucoup plus vafte : en avançant une centaine de pas au delà de l'enfourchement, on trouve un vafte fallon, qui a plus de vingt toifes de largeur, fur cinquante-cinq à foixante toifes de longueur : le fol de ce fallon eft de niveau & très-uni, fon

toit nous a paru être à cinquante ou soi-
xante pieds du sol : nous avons remarqué
à ce toit un fait assez curieux : ce sont
de gros morceaux de chauve-souris, toutes suspendues les unes aux autres, de la
même manière qu'on voit les mouches à
miel , lorsqu'elles jettent ; il y a de ces
amas qui sont de la grosseur d'un petit
tonneau.

Jusqu'ici les toits de la caverne sont très-
solides & fort élevés ; mais à l'extrémité de ce sallon , ils baissent sensiblement
& ne sont plus élevés, au bout d'une
vingtaine de toises de chemin , que
de quinze à dix-huit pieds : ils ne
sont pas même sûrs , parce qu'il s'en détache de gros morceaux, qui rendent le
sol raboteux & difficile , à mesure qu'on
avance , la largeur diminue dans des endroits, & s'élargit vers d'autres. On parvient enfin à un endroit où le toit s'a-
baisse tout à fait & ne laisse plus qu'un
passage d'un pied de hauteur ; ici nous
avons trouvé dans un coin de la caverne,
des debris de Charbon & des creusets bri-
sés , ce qui ne laisse pas douter que cet
endroit a servi autrefois de retraite à de
faux monnoyeurs.

Le peu de solidité que nous avons remarqué au toit, en allant plus avant, ne nous a pas permis de nous y expofer ; mais on nous affura que la caverne s'élargiffoit de nouveau, & que perfonne jufqu'ici n'en avoit pu trouver le bout : nous y fumes cependant depuis huit heures du matin jufqu'à une heure après midi, & nous ne parcourumes pas le quart des recoins & des différentes branches de cet antre.

Le banc de roche qui en forme le toit jufqu'au fommet du côteau qui eft pref-que en plaine, nous a paru avoir cin-quante à foixante toifes de hauteur, dé-puis l'entrée de la caverne, qui fe trou-ve fituée environ aux deux tiers de la hau-teur du côteau ; le fol de la caverne ainfi que du banc des roches qui la couvrent, eft affis fur un grand banc de marbre noir tacheté de blanc & de rouge, dont le grain nous a paru fin & propre à prendre le poli ; mais la furface de ce banc nous a paru terreufe.

En defcendant de ces hauteurs jufqu'à Minerve, on ne remarque que des garri-gues ou des roches calcaires toutes nues : on y voit cependant quelques champs cultivés & difperfés le long de ces côteaux.

A environ demi-lieue plus bas que la

Beaume , dont nous venons de parler ,
il y a quelque indice de veines de Charbon de Terre , fur lefquelles on a fait
quelques tentatives.Mais outre que ces veines ne nous ont point paru confidérables,
c'eft que le Charbon en eft par trop bitumineux & terreux , & pourroit, tout au
plus , être employé à la cuiffon de la
chaux.

On remarque la même qualité de terrain calcaire & maigre , depuis les hauteurs d'Azillanet jufqu'à Minerve & à la
Caunette , il y a quelques terres labourables dans ce dernier endroit, le long de
la Ceffe , qui font paffables. Au près de
la Caunette, on trouve également des veines de Charbon de terre ; mais toutes de
la même qualité de celles dont nous avons
parlé précédemment.

Tout le pays, depuis la Caunette jufqu'à Rioufec eft prefque inculte, & en
garrigues ; on y voit quelques mauvaifes
fermes ou mafures fort éloignées les unes
des autres , dans un terrain pitoyable.

Le terroir change de face , à mefure
qu'on approche de Rioufec : il y a ici un
fort joli vallon couvert de châtaigniers ,
de noyers & d'autres arbres fruitiers ,

presque

presque toutes les terres cultivées sont dans les bas-fonds, il y a sur-tout de très-bonnes prairies : on observe, sur ces hauteurs, quelques beaux bouquets de bois de haute futaie, en hêtres & chênes blancs. Il y a à la montagne apèlée les Cacarnes, près la Métairie du sieur de Barrés, une mine de plomb & argent fort riche ; mais le minéral n'y est pas abondant ; il y a une autre mine semblable, mais moins riche en argent, au lieu de Briam, près la Métairie du sieur de Clausels, le tout dans le territoire de Rioufec : la même qualité de terrain en champs & en pâturages, règne depuis Rioufec jusqu'à Ste. Colombe, où le terrain devient fort élévé : on n'y voit plus que quelques prairies & de très-beaux pâturages : depuis les hauteurs de ce dernier endroit jusqu'à Montvert, les sommets des montagnes sont assez bien garnis de bois de hêtre & de chêne.

On trouve, vers le bas des côteaux, des terres labourables qui sont aussi bonnes que ces hauteurs peuvent le comporter ; les prairies sur-tout y sont d'un excellent produit, ce qui continue jusqu'à St. Pons.

Tout ce pays est entrecoupé de gorges & de montagnes ; les terres y font fchifteufes ou ardoifées : il nous a paru qu'il y a très-peu d'induftrie dans tous ces cantons ; car, aux terres labourables près, qui n'y font pas même nombreufes, tout le revenu des habitans fe réduit en beftiaux de toute efpéce.

Les environs de St. Pons font très-peu de chofe : il y a quelques vignobles, peu de terres labourables, & quelques prairies paffables.

En remontant depuis St. Pons vers Pardaillan, les bas-fonds de ce vallon font paffablement cultivés : on y voit des noyers d'une très-belle efpéce, un affez bon nombre de châtaigniers, & le ruiffeau eft bordé tout du long de prairies. Tous les hauts des montagnes font garnis de bois, & donnent de très-bons pâturages. Nous avons remarqué en montant, à mi-côte, un très-gros filon d'un quart, qui annonce du cuivre ; il nous a paru être le même que celui de Caffillac, dont nous parlerons dans la fuite, & qui fe prolonge vers ces hauteurs.

La petite plaine de Rodomouls confifte en très-bonnes terres labourables & en quelques prairies bordées de noyers & de châtaigniers.

Tous les environs de Pardaillan font garnis de bois de toute efpéce : il y a beaucoup de châtaigniers & de très-belles revenues de hêtre.

En defcendant de ces hauteurs jufqu'à Donadieu, qui eft à l'extrêmité de la plaine de St. Chinian, on ne voit que des montagnes incultes, & des roches calcaires, l'on n'y remarque que très-peu de terres cultivées : le furplus eft en garrigues.

La plaine de St. Chinian eft très-bien cultivée ; elle s'étend depuis Donadieu & Baboux, jufqu'à Ceffenon fur l'Orbe ; les terres y font à la vérité légéres, mais fort bonnes : elles font couvertes de vignobles, d'oliviers & de terres labourables. La rivière de Venezobre arrofe tout ce canton, & eft bordée de très-bonnes prairies fur toute fa longueur.

On trouve, au lieu de Mattes, plufieurs veines des très-bon Charbon de terre ; on en commençoit l'exploitation lorfque nous y avons paffé : il y a à St. Chinian plufieurs manufactures des draps dont les filatures occupent une bonne partie des habitans des montagnes circonvoifines.

En nous repliant fur St. Pons, & remontant vers Braſſac & la Baſtide, on trouve un pays excellent, couvert de châtaigniers, & autres arbres fruitiers, beaucoup de terres labourables & de fort belles prairies : on remarque, en différens endroits de ces montagnes, qui ſont toutes compoſées de ſchiſte ou de pierre d'ardoiſe, pluſieurs marques de mine de plomb & de cuivre, mais qui ne ſont pas aſſez caractériſées pour en pouvoir rien ſtatuer de poſitif. Nous avons remarqué la même qualité de terroir juſqu'à Angles.

Depuis ce dernier endroit & Montſegouſt, juſqu'à la Salvetat, le long de la rivière d'Agout, ce n'eſt preſque qu'une prairie continuelle : il y a, au pied des côteaux, de très-bonnes terres labourables; mais on n'y recueille que du ſeigle, à cauſe que ce pays eſt fort élévé : en remontant depuis la Salvetat juſqu'à Fraiſſe, on trouve le pays preſque couvert de belles forêts de hêtre.

En géneral, tout ce pays eſt très-bien peuplé de bois, ce qui fait qu'il y a des pâturages excellens & d'une grande étendue : auſſi la principale richeſſe de tous ces cantons conſiſte en beſtiaux de toute eſpéce, qui y ſont très-nombreux.

En defcendant des hauteurs de Sou-
liez vers St. Pons , nous avons remarqué
plufieurs veines qui annoncent des mines
de plomb ; mais les eaux manquent fur
tous ces côteaux.

En revenant depuis St. Pons vers
Riots & Oulargues, nous avons trouvé ,
au lieu de Caffillac , une mine de cuivre
fort confidérable : on y a fait quelque
travail, qui nous a paru être un ouvrage
des Payfans : le minéral y eft répandu
par petits blocs difperfés dans toute la
maffe de la veine , qui a plufieurs toifes
de largeur , & qui paroît au jour fur l'é-
tendue d'un bon quart de lieue de longueur; le minéral eft très-arfénical, & contient depuis 22 jufqu'à 25 livres de cuivre au
quintal : il y a ici de l'eau en fuffifance, &
l'on pourroit tirer les bois néceffaires du
côté de Fraiffe ; en forte que cette mine
pourroit être exploitée avec avantage ; le
minéral eft de la nature des mines de
cuivre grifes , vulgairement appellées
falerts.

Nous avons également obfervé une autre mine de cuivre , au lieu appellé las
Fonts , Paroiffe du Mas de l'Eglife : la
veine nous a paru affez belle, & l'exploitation de cette veine pourroit être jointe

O 3

à celle de Caſſillac; n'étant pas bien éloignées l'une de l'autre.

Depuis le mas de l'Egliſe juſqu'à Oulargues, & même juſqu'à Colombières, on trouve une grande quantité d'indices de mine de mercure: on nous a même aſſuré, à Oulargues, qu'il n'eſt pas rare de voir couler de groſſes gouttes de ce demi-métail ſur la ſurface de la terre. La qualité du terroir, au pied de ces montagnes, conſiſte en roches ardoiſées blanchâtres, elles ſont entremêlées de quelques bancs de granite fort talqueux; les paillettes de talq y ſont fort groſſes & ſi pures, qu'on en eſt ébloui lorſqu'on y paſſe pendant le tems du ſoleil: il y a aux environs d'Oulargues, & au pied de la montagne de Montcaſoux, quantité de veines de plomb & de cuivre; mais elles ſont toutes fort petites & diſperſées le long de ces roches.

Le vallon, depuis Riols juſqu'au mas de l'Egliſe, eſt étroit mais très-bien cultivé; il eſt couvert de vignobles, de prairies & d'arbres fruitiers: les terres labourables n'y ſont pas d'une grande étendue; mais les côteaux y ſont très-garnis de châtaigniers.

Comme ce vallon eſt fort étroit,

les productions du fol , quoique fertiles , ne fuffifent pas pour la fub-
fiftance des habitans , qui vivent en
partie de la filature des laines , pour
les fabriques de St. Chinian , Bedarieux
& Lodève.

Depuis le mas de l'Églife jufqu'à
Colombières , le vallon fe retrecit davantage : il n'y a plus ici des bas-
fonds , & les côteaux des montagnes
fe prolongent , de part & d'autre ,
jufqu'à la rivière d'Orbe , qu'ils bordent.

Tout ce canton , eft fort-pierreux
& couvert de gros blocs de roches
granites , qui fe précipitent du haut
du Mont-Carroux : il y a quelques
châtaigniers & quelques morceaux de
vignobles cultivés entre ces roches ;
mais en général tout ce pays eft de
peu de produit, & le peuple auroit peine à y fubfifter fans les filatures.

En remontant de Colombières vers
Douts , on trouve , près de ce dernier
endroit , de très-bonnes mines de plomb
& argent, qu'on peut exploiter, à la faveur des charbons de terre de St. Gervais, qui n'en font pas éloignés.

O 4

CHAPITRE III.

DIOCÈSE
DE LODEVE.

ON nè nous a donné aucune indica-
tion de mines dans ce Diocèfe ; cependant il nous a paru que la chaîne des
montagnes qui le fépare de celui de
Beziers , eft d'une nature généralement
propre à la production des minéraux : ces
montagnes font la plûpart fchifteufes ,
& les terres y font par-tout colorées ,
mais aucun particulier , dans les villages
mêmes , n'a pu nous donner aucun renfeignement fur ces fortes de matières.

Nous avons trouvé , au fommet de la
montagne qui eft entre Lunas & Lodève , précifément au près de la croix qui
fépare les deux Diocèfes , la bouche
d'un ancien volcan , qui a dû être confi-

dérable, à en juger par la quantité de laves, qui se voient sur tout le territoire
circonvoisin. Nous en avons trouvé des
morceaux très-spongieux, qui se soutien-
nent sur l'eau, entièrement semblables
à de pareilles laves, qu'on trouve au pied
du Mont-Vesuve. A un quart de lieue plus
haut, on voit également, la bouche
d'un autre volcan situé comme le précédent, sur la crête de la montagne, dont
la lave tomboit du côté de Lunas, &
dont tout le penchant de la montagne
est encore recouvert.

Il nous paroît bien singulier qu'il y ait
eu autant de volcans dans les Cevennes,
& que la tradition ne nous en ait pas con-
servé la mémoire d'un seul, ce qui dénote que les tems auxquels ils étoient
embrasés, sont de la plus haute antiqui-
té. Nous pouvons ajouter que quelques
anciens que soient ces tems, ils sont cependant postérieurs à ceux où la mer cou-
vroit ces pays, puisque ces laves couvrent les roches calcaires & les faluns,
dont ces montagnes sont composées.

Les environs de Lodève sont entourés de montagnes de toutes parts, & il
n'y a presque pas de bas-fonds aux environs de cette Ville ; les bas des côteaux

font très-bien cultivés ; ils y font couverts de vignobles , de mûriers & d'oliviers , il y a très-peu de terres labourables ; mais les bords de la rivière de l'Ergue confiftent en très-bonnes prairies.

En remontant depuis Lodève vers Poujols, Gourgas, & la Roque, jufqu'au Caila , on ne trouve qu'un pays très-montueux ; les bas-fonds ne confiftent, pour la plûpart , qu'en prairies ; & les côteaux qui font très-rapides , font une bonne partie en pâturages , & le furplus en terres labourables de peu de valeur.

Le même pays de montagnes continue depuis le Caila jufqu'à Cros & à la Navaule, fur les frontières du Diocèfe d'Alais. Il n'y a, dans tout ce pays, que les environs des Villages & Hameaux, qui foient cultivés, on n'y recueille , pour l'ordinaire, que du feigle : depuis St. Maurice & la Vaquerie , jufqu'à St. Guilhen le défert, fur l'Héraut, ce ne font que des roches calcaires toutes nues & defertes.

En redefcendant de Lodève vers Clermont, on trouve, à la droite de la rivière de l'Ergue , le vallon de la Valaquière & celui de las Combes, qui confiftent l'un & l'autre en très-bonnes terres laboura-

bles: il y a beaucoup de mûriers vers le
bas des côteaux, & les vignobles y font
magnifiques : ces vallons s'étendent prefque parallelement, & par une pente affez
douce, jufqu'au fommet des montagnes
qui féparent ce Diocèfe de celui de
Beziers.

Toutes ces hauteurs confiftent en pâturages & en quelques champs cultivés
par intervalle.

Depuis las Combes jufqu'à St. Felix, le
terroir change totalement de nature, ce ne
font plus que de terres fchifteufes, rouffeâtres, ou couleur de terre d'ombre, très-in-
grates, la couleur & la nature de ces terres me font foupçonner qu'elles ont fubi
l'action d'un feu violent : il y en a une
bande affez large, qui s'étend de l'eft à
l'oueft, & qui paroît paffer au deffous de
la bafe de la montagne, qui fépare les
Diocèfes de Beziers & Lodève, & va repa-
roître du côté de Caunas fur l'Orbe, d'où
elle fe prolonge vers Graiffeffac ; ce ne
font point de terres ferrugineufes, elles
paroiffent plutôt un fchifte brûlé & ftérile.
Il faut néanmoins convenir que tous les
cantons de cette bande, du côté de Lodève, qui fe trouvent fufceptibles de cul-

ture, n'y font pas négligés ; mais les récoltes y font fort modiques.

En fortant de ces gorges, on trouve
la plaine qui s'étend depuis Clermont &
St. Felix jufqu'à l'Héraut, qui comprend
les territoires de Ceyras, Jonquières, Ste.
Brigide & de St. Jean de Fox. Tout ce
pays confifte en terres fortes, légérement fablonneufes & d'un produit admirable : tout y eft couvert de vignobles,
d'oliviers & de mûriers : il y a en outre
quantité de très-beaux fruits de toute
efpéce ; c'eft auffi le meilleur canton du
Diocèfe de Lodève : quoiqu'on ne nous
eût donné aucun renfeignement fur les
mines qui peuvent fe trouver dans l'étendue de ce Diocèfe : nous n'avons pas laif-
fé que de remarquer, comme nous l'a-
vons dit ci-devant, que la chaîne des
montagnes qui le fépare de celui de Beziers, fur-tout depuis les plans jufques à
Aroux & las Rives, près la fource de
l'Orbe, renferment des veines de différens métaux ; mais l'exploitation en feroit impraticable, par le défaut de bois
& d'eau.

Nous avons obfervé quelques indices
de mines de Charbon, au pied de la
montagne, où fut le volcan dont nous

avons parlé ; & il ne seroit pas hors de
propos d'y faire quelques tentatives, parce que les bois sont fort rares dans ce
Diocèse.

A la petite plaine près, dont nous venons de parler, tout ce Diocèse est en
pays de montagnes, celles qui sont au
couchant du côté du Diocèse de Beziers,
sont schisteuses & en bonne partie cultivées ; celles au contraire qui sont au levant du côté de l'Héraut, sont toutes de
roches calcaires, la plûpart incultes &
désertes. On ne recueille pas, à beaucoup près, dans ce Diocèse, les bleds
nécessaires à sa consommation ; les soies,
les huiles, les vins y sont presque les seu-
les récoltes ; & une bonne partie du menu peuple vit du travail des manufactures,
qui ne sont plus, à beaucoup près, dans
l'état florissant où elles ont été autrefois ;
& cela par une raison bien simple ; c'est
que la qualité & la quantité des laines de
la Province, diminue à vue d'œil, depuis
quelques années : nous en verrons la
cause dans le Chapitre suivant.

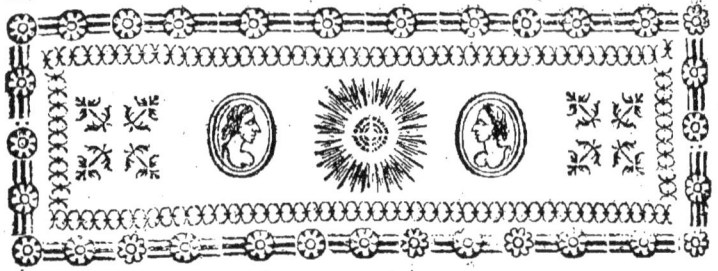

CHAPITE IV.

DIOCÈSE

DE MENDE,

OU

LE GÉVAUDAN.

LE Diocèse de Mende, proprement dit le Gévaudan, est un des plus considérables de la Province, par son étendue, & en même tems un des plus montueux; car, à quelques bas-fonds près, on n'y trouve aucune plaine. Mende, qui en est la capitale, est située dans un de ces bas-fonds, au pied du Causse, ou montagnes du même nom : ses environs sont très-bien cultivés & consistent en terres labourables ; on ne connoît point ici de

vignobles , il y a de fort bonnes prairies
le long du Lot, petite rivière qui paſſe
à côté de cette Ville. On y recueille d'excellens fruits , & les Cauſſes , ou montagnes qui ſont au près, produiſent d'excellent froment ; mais on eſt obligé , pour
cet effet , d'y laiſſer répoſer les terres
quelques années , & d'y mettre beaucoup de fumier , auquel on pourroit ſubſ-
tituer la marne, qui eſt fort abondante au
pied de ces Cauſſes. On y trouve auſſi ,
parmi une eſpéce de marne feuilletée &
demi ſablonneuſe , des morceaux de charbon jayet , qui ne ſont autre choſe que
des bois changés en cette ſubſtance : tels
qu'on les trouve à Vacherie près Mende.
En remontant la rivière du Lot., on
trouve , à trois lieues de diſtance de
Mende , les Bains de Bagnols, qui conſiſtent en une ſource d'eaux thermales ,
dont la chaleur eſt au 36e. degré du ther-
momètre de Réaumur : elles ont une
odeur marquée de foie de ſoufre, & ſont
reconnues pour être très-bonnes dans les
maladies des nerfs , & ſur-tout pour la
paraliſie ; priſes intérieurement , elles
ſont apéritives, & bonnes, en certains cas,
pour les maladies de poitrine , quoique ,
dans d'autres circonſtances , elles ſoient

très-dangereuſes aux poitrinaires ; on peut en voir l'analyſe & les qualités, dans l'excellent Traité que M. Bonel de la Barjareſſe fils, Médecin à Mende, en a donné. Ces Bains ne ſont rien moins que bien conſtruits ; il n'y a aucune étuve particulière, & les malades y ſont expo-ſés à prendre les bains & les douches pêle & mêle, ce qui eſt très-incommode, & même dangereux : on pourroit cependant y procurer toutes les commodités con-venables, ſi le propriétaire, à qui ces Bains ſont très-lucratifs, daignoit y faire quelque dépenſe, en faiſant conſtruire des cabinets de Bain particuliers, & ſur-tout un corridor bien fermé, qui condui-ſît depuis les Bains juſqu'aux apparte-mens de l'auberge, qui eſt à côté : cela éviteroit aux malades les coups d'air, auxquels ils ſont ſujets, dans un pays auſſi élevé & auſſi expoſé aux vents froids, qui ne peuvent être que très-dangereux, au ſortir des bains, des étuves & de la douche.

Le terrain de Bagnols eſt aſſis ſur un ſol ſchiſteux : il y a quelques prairies, & & le reſte en terres labourables fort mé-diocres : on y apperçoit quelques bou-quets de bois ſur la pente de la Louzere,

gère, qui ne font pas confidérables.

De Bagnols nous nous fommes tranfpor-
tés à Allene : le fol change ici de nature &
devient calcaire. Il y a beaucoup de prairies
dans les bas-fonds, & le furplus eft en très-
bonnes terres labourables : on trouve dans
cet endroit, quantité de mines de plomb à
groffe maille, connuesdans le païs fous le
nom de vernis, que les habitans du lieu
exploitent, & en vendent le minéral aux
potiers ; la plûpart des veines de ce minéral y font horifontales ; il y en a peu de ver-
ticales ; elles font d'ailleurs difperfées
fans fuite, dans une pierre calcaire fort
dure : des entrepreneurs qui voudroient
exploiter ces mines d'une manière fuivie
& en règle, ne pourroient le faire fans
des dépenfes exceffives, parce qu'il faudroit y faire des puits qui pénétraffent
jufqu'au deffous des bancs de pierres à
chaux qui font très-profonds ; mais l'exploitation de ces mêmes mines devient infi-
niment plus avantageufe pour les habitans
du pays, qui, n'ayant rien à faire pendant
l'hiver, s'occupent à ce travail, dans leur
tems perdu ; en forte que les bénéfices
qu'ils en retirent, leur procurent une aifance
qu'ils perdroient, s'ils ne s'occupoient pas
pendant les mortes faifons, dans un pays

Tome II. P

qui eſt, pendant pluſieurs mois de l'année, couvert de neiges.

En remontant la rivière du Lot, juſqu'à St. Jean de Blaymard & Cubières, où elle prend ſa ſource, le territoire redevient ardoiſé : il y a, dans cette partie, d'aſſez belles prairies, ſur le bord de la rivière ; mais une grande partie des côteaux ne ſont plus que des roches pelées, par l'imprudence qu'on a eu de défricher la pente de ces montagnes fort rapides, & dont les terres ont été entraînées par les pluies & les ravins.

Il n'en eſt pas ici comme dans le territoire d'Alais & d'Uzès, où la bonté des récoltes, qui conſiſtent en mûriers, en vignes & oliviers, permettent de faire la dépenſe des murs qui ſoutiennent les terres des côteaux : mais dans un pays tel que celui du Gévaudan, où il ne vient que des bleds, les murs en amphithéâtre deviennent en quelque ſorte impraticables, attendu qu'on ne ſauroit y planter des arbres pour les contretenir. Au deſſous du château de Tournel, on nous a fait voir, au près du moulin qui eſt ſur le bord de la rivière, un très-beau filon de mine de plomb & argent. Cette mine, qui n'a point été touchée, mériteroit

d'être exploitée, parce que la veine se suit
très-bien : on y remarque sur la tête,
qui paroît au jour, de la pyrite mêlée
avec de la mine de plomb, sur toute sa longueur, ce qui en caractérise la bonté. Il
est vrai que les bois ne sont pas fort com-
muns dans ces quartiers ; mais si l'on
entreprenoit l'exploitation de cette mine,
il conviendroit de placer la fonderie du
côté du Mazel, afin de se rapprocher de
la Louzere, dont on pourroit facilement
tirer les bois & les charbons nécessaires.
A Orsière, même Paroisse de St. Julien,
les paysans du lieu ouvrirent, il y a quelques années, une mine de plomb, dont
ils se proposoient de vendre le minéral
aux potiers ; mais comme ils attaquerent
ce filon par la crête, ils ne trouverent
pas assez de mine pure, pour se défrayer :
si cependant ce filon, qui est assez considérable, étoit attaqué par une galerie
pratiquée au pied de la montagne, il y
auroit lieu de tirer un bon parti de cette
mine. Il y a, dans la même Paroisse, près
de Malevieille, des vestiges d'anciennes
fonderies : on apperçoit même encore
l'endroit de l'ouverture, d'où l'on tiroit
les mines qu'on y fondoit, & d'où il
sort une quantité d'eau considérable : il

ne nous a pas été poffible de trouver aucun échantillon du minéral qu'on en retiroit, les ravins ayant emporté & enterré ce qui pouvoit y être refté : mais une
obfervation qu'il eft bon de faire ici, c'eft
qu'il paroît, par la fituation de la fonderie, qui étoit fituée au près de la mine,
& éloignée de tout courant d'eau, que
les mines ont été exploitées par les Sarrafins ou les Romains, dont l'habitude
étoit de placer leurs fourneaux au près
des mines ; c'eft du moins ainfi qu'ils en
ufoient dans les Pyrénées, où l'on remarque quantité de veftiges femblables de
leurs travaux. Leurs fourneaux, dont
perfonne jufqu'ici n'a encore donné la
defcription, étoient faits en forme de cloche renverfée, & enfoncés de toute leur
profondeur dans la terre; les parois étoient
formés d'un maffif de terre à brique, de
quatre à cinq pouces d'épaiffeur, & il
paroît que c'étoit une efpéce de ciment,
compofé de parties égales de farine, de
brique & de terre graffe : le fond de ces
fourneaux, qui avoient huit à dix pieds
de hauteur, étoit percé d'un trou fur le
côté, d'environ un pied en quarré ; ce
trou aboutiffoit à une efpéce de corridor en pente & à découvert, par où s'é-

couloient les craffes ou fcories : à l'iffue
du fourneau, & à l'extrêmité du corridor, il y avoit un caffin ou receptacle,
dans lequel tomboit le métail, à mefure
qu'il fortoit du fourneau, & fur lequel
nageoint les craffes, à mefure qu'elles
s'en alloient par le corridor, lorfque le
caffin étoit plein : il y a apparence qu'on
arrêtoit le courant des craffes & du
métail, en bouchant la partie inférieure
de l'ouverture du fourneau, & qu'on la
débouchoit, lorfqu'on avoit retiré le métail du caffin ; c'eft par cette même
ouverture, que le fourneau recevoit
l'air néceffaire pour la fonte du minéral,
& l'allée du corridor ne contribuoit pas
peu au courant d'air. Nous avons tiré
cette defcription d'un fourneau que nous
avons eu occafion de trouver tout entier
aux environs d'Arles en Rouffillon, où il
y a eu des travaux immenfes de cette
efpéce, dans des mines de plomb. Il étoit
enterré dans un ravin, que je fis décom-
brer pour en connoître la conftruction.
Quant à leur manière d'arranger le minéral, il eft fort vraifemblable que l'on fui-
voit la méthode dont on fait encore ufage aujourd'hui dans les Pyrenées, pour
le grillage des mines de fer, & dont les

P 3

fourneaux ne font pas bien différens de celui dont nous venons de donner la defcription. Ces fourneaux reçoivent une chaleur telle que les mines de fer s'y réduifent prefque entièrement en fcories ; on commençoit par mettre au fond du fourneau, quelques paniers de Charbon, jufqu'à une hauteur convenable, & par deffus un lit de mine, & enfuite un autre lit de Charbon, puis un lit de mine & ainfi de fuite, *ftratum fuper ftratum*, jufqu'à ce que le fourneau fût plein; après quoi on mettoit le feu par l'ouverture inférieure, & l'on avoit foin de charger par deffus du charbon & du minéral, à mefure que les matières inférieures fe fondoient : on en ufe à peu près de la même manière, pour la cuiffon de la chaux avec le Charbon de terre. Le fourneau dont nous venons de donner la defcription, avoit fept pieds & demi de diamètre par le haut, & trois pieds & demi par le bas, fon fond finiffoit en cul de lampe, précifément comme le dedans d'une cloche, avec une coulée ou tranchée en pente, qui alloit aboutir au caffin dont nous avons parlé.

Il faut cependant convenir que les fcories qui provenoient de ces fontes, n'étoient rien moins que purifiées, car nous en fîmes ramaffer une certaine quantité, qui tenoit au delà de dix ou douze livres de plomb au quintal.

Quant à leur affinage, c'eft-à-dire à la féparation de l'argent d'avec le plomb, nous avons tout lieu de préfumer qu'ils le faifoient au falpètre, parce que nous avons trouvé, dans le même endroit, à peu de diftance du fourneau ci-deffus, une quantité confidérable de vieux creu-fets, qui étoient encore tous garnis en dedans de litharge; & il n'y a pas appa-rence qu'ils fondiffent leur litharge en plomb dans des creufets, parce que le fourneau ci-deffus étoit très-propre à cet-te opération.

Reprenons maintenant le cours de no-tre tournée dans la Paroiffe de St. Julien: fur la pente de la Louzere, il y a, près le même Village, une autre mine de plomb, qui fut exploitée, il y a environ quarante ans, & qu'on nous a affuré être fort abondante; mais les eaux obligerent les entrepreneurs d'en abandonner le tra-vail, à caufe de leur peu d'intelligence, & la mauvaife conduite que l'on appor-toit dans ces travaux; parce qu'il eût été facile de fe garantir des eaux, en s'y

P 4

prennant différemment qu'ils ont fait : ce canton eft prefque nud ; il y a quelques terres labourables qui ne produifent que des feigles ; le furplus eft en beaux pâturages.

Nous avons encore remarqué , entre Malevieille & le Mazel, plufieurs veines de quartz, qui annoncent des mines de plomb : il y en a entr'autres une très-confidérable , au deffus du Mazel , fur le chemin qui conduit à Florac, en paffant par la Louzere.

Il y a auffi , à St. Jean du Blaymard, quelques petites veines de mine de plomb, propre pour les potiers , mais qui ne font pas de conféquence.

Dans la même Paroiffe , près le Blaymard, territoire des Alpiers, on a autrefois fait l'ouverture d'une mine de plomb qui a été abandonnée, vraifemblablement à caufe de fon peu d'abondance : d'ailleurs la fituation de cette veine ne permet guere d'en fuivre l'exploitation ; il ne nous a pas été poffible de trouver un échantillon de ce minéral fur les décombres.

En général , le fol des environs du Blaymard eft affez bon & bien cultivé : on y recueille quantité d'excellens légu-

mes , beaucoup de feigles , de l'avoine ,
& quelque peu de froment , & il n'y
manque pas de très-belles prairies. Après
avoir-traverfé le Cauffe qui eft au midi
de Mende , nous fommes entrés dans le
Valdonnés. Cette vallée renferme plufieurs paroiffes , telles que Brenoux , St.
Bauzille , St. Etienne , & autres ; fon territoire , qui eft fort marneux , confifte
principalement en terres labourables qui
produifent beaucoup de beau froment ;
il y a auffi quelques prairies & une quantité confidérable d'arbres fruitiers ; on y
remarque également quelques bouquets
de bois , au pied de la Louzere.

M. Lafont, Subdélégué & Syndic du
Diocèfe , qui a bien voulu nous accom-
pagner dans nos courfes , nous fit voir à
Montcouloux , paroiffe de St. Bauzille ,
différens endroits où l'on trouve du Charbon jayet, difperfé dans une efpéce de
marne feuilletée , qui n'étoit autre chofe
que ce que nous appellons du bois foffile :
le defir fincère que nous avions de trouver des Charbons de terre dans ces cantons, à portée de Mende , qui en avoit un
befoin effentiel, nous a fait rechercher ,
avec la plus grande exactitude , tous les
endroits où nous pouvions préfumer d'en

trouver ; mais, malgré tous nos soins &
les recherches exactes que nous avons
faites, il ne nous a pas été possible d'en
trouver une seule veine ; d'ailleurs le
terrain ne nous a pas paru propre à la
production de ce fossile ; mais on trouve
du beau jayet en face du Village de Ve-
nede, paroisse de Brenoux, de l'autre
côté de la rivière.

Sur le chemin de Mende à Florac, au
dessus du pont de Cache-Pezoul, paroisse
de St. Etienne de Valdonnés, il y a
quantité de bonne mine de fer. La principale veine qui passe sur la crête de la
montagne, a été anciennement exploitée
sur un bon demi-quart de lieue de longueur : elle seroit encore susceptible d'ê-
tre exploitée de nos jours, s'il y avoit
dans les environs, du bois en suffisance ;
mais il faudroit les aller chercher à l'autre
extrêmité de la Louzere, à quatre bonnes lieues de distance, par des chemins
assez mauvais.

En quittant le Valdonnés, nous avons
traversé la montagne de la Louzere,
qui s'étend depuis Florac jusqu'à Villefort, sur une étendue d'environ cinq
lieues.

Cette montagne est composée au nord

de roches fchifteufes ou roches ardoifées;
toute la partie du midi confifte en roches
granites ; on trouve beaucoup de roches
calcaires à fon couchant, du côté de Florac , entremêlées de grais ; elle eft prefque entièremeent couverte de gazon , &
paffablement arrofée d'excellentes fources: il y a même quelques petits hameaux
dans les parties qui font le plus à l'abri
des vents , & l'on y effarte le gazon ,
c'eft-à-dire qu'on le fait brûler ; après
quoi on l'étend fur la place, pour y femer
du feigle qui y vient très-bien ; mais toute la partie élévée de cette montagne ,
confifte en vaftes pâturages, & en fournit annuellement à plus de foixante mille
moutons , qui y paiffent depuis le commencement de Mai jufqu'à la fin de Sep-
tembre , & cela indépendamment d'un
nombre prodigieux d'autres beftiaux.

La partie qui eft entre le Pont de
Montvert, Cubières & Villefort, & qui
contient un terrain fort étendu, eft couverte de très-belles forêts de haute futaie,
en hêtres & pins ; mais dont on fait peu
d'ufage , par leur éloignement de tout débouché. Il y a cependant à la Pigère , un
moulin à fcie , dans la partie qui appar-
tient à M. le Comte d'Altier , où les pins

font les plus abondans, & dont on tranfporte les planches à dos de mulet, dans
les Villes circonvoifines.

Nous ne faurions nous difpenfer de faire ici une obfervation importante à l'occafion des moutons qui paiffent fur cette
montagne, qui quoique étrangère à la
partie d'Hiftoire Naturelle qui nous occupe, eft trop intéreffante pour la Province, pour ne pas trouver ici fa place.
Depuis quelques années, il meurt une
quantité prodigieufe de ce bétail, fans cependant qu'il s'y manifefte aucune mala-
die contagieufe, & ce qui ne meurt pas
y dépérit, au point que ces animaux
perdent une partie de leur laine, qui
tombe par flocons : rien n'eft fi commun,
que de voir ces troupeaux à moitié pelés,
& dans un état d'exténuation qui fait pitié;
en forte que le peu de laine qui leur refte
n'eft ni auffi fine, ni d'auffi bonne qualité
qu'elle devroit être : de manière que les
fabriques des Draps de la Province, &
fur-tout celles des Serges, qui font un
objet confidérable dans le Gévaudan, font
obligées non feulement d'en tirer aujour-
d'hui beaucoup de l'étranger, mais le
peu qu'ils en recueillent dans le pays, fe
trouve de fi mauvaife qualité, qu'elle dé-

tériore les étoffes qu'on y fabrique.

Ce que nous venons d'obferver fur la Louzere, a également lieu fur les montagnes de la Margeride & d'Aubracet, en général, fur toutes les hautes montagnes, tant du Gévaudan que des autres parties de la Province : nous ajouterons même que les bêtes à laine ne font pas les feules qui fe reffentent de ce dépériffement, tous les autres beftiaux en général en font atteints.

Il réfulte, de cette efpéce de fléau, un autre inconvénient qui n'eft pas moins dangereux, & qui eft plus frappant dans le Haut-Gévaudan, que par-tout ailleurs: la qualité du terroir, qui eft la plûpart affis fur des granites ou des fables fort arides, ne produit de l'herbe & des grains, que par le fumier qui y eft dépofé par les troupeaux ; & comme la diminution de ceux-ci eft fort confidérable, l'herbe n'y vient plus, faute d'engrais ; & dès qu'une fois les racines des gazons feront mortes, tous ces riches pâturages deviendront ftériles, &c. &c.

Nous avons été tellement affectés de ce défaftre, que nous n'avons ceffé de nous informer d'où il pouvoit provenir, & nous avons eu par-tout la réponfe unanime des différens particuliers ; que c'eſt faute de pouvoir donner à leurs beſtiaux , le ſel néceſſaire pour les entretenir en bon état , attendu que cette denrée de première néceſſité eſt devenue d'un prix au deſſus de leurs facultés ; & cette vérité eſt d'autant mieux conſtatée , qu'ayant examiné quelques troupeaux appartenans à des particuliers aiſés , mais en très-petit nombre , qui leur donnent le ſel néceſſaire , nous les avons vu en très-bon état.

Reprenons la ſuite de notre tournée : après avoir quitté le Pont de Cache-Pezoul, pour remonter ſur l'autre partie de la Louzere , nous avons trouvé, au près des Combètes, dans la paroiſſe d'Iſpagnac , deux mines de plomb , dont l'une, qui n'a pas été touchée, ſe trouve dans un ruiſſeau qui deſcend de la Louzere : le filon qui ſuit la direction du ruiſſeau , eſt très-bien caractériſé : on y apperçoit , dans des endroits , le minéral de plus de ſix pouces d'épaiſſeur ; c'eſt une mine à groſſes lames , connue ſous le nom de vernis. Ce filon mériteroit à tous égards qu'on en eût repris l'exploitation : les autres mines ſont dans un vallon à côté de celui-ci, & ont été anciennement exploitées : il paroît que le travail a été abandonné à caufe des eaux ; & il nous a paru, par les échantillons que nous avons trouvés dans les anciens décombres, que le minéral étoit plus riche en argent, que celui dont nous avons parlé ci-deffus.

Au furplus les environs des Combètes, qui font partie de la Louzere, ne produifent que des pâturages abondans & quelque peu de feigle. Nous avons enfuite continué notre route fur le revers de la Louzere, du côté de la Paroiffe de Bondous ; il y a ici beaucoup de terres labourables, mais fort légéres ; on y recueille cependant quelque peu de froment : on remarque, dans la roche calcaire qui fert de bafe à ce territoire, quantité de veines de quartz & de fpates, dont quelques-unes font parfemées de mine de plomb ou vernis : ces mines reffemblent beaucoup à celles d'Allene, dont nous avons ci-devant parlé : au deffus de cette roche calcaire, on trouve un véritable grais, dont les bancs font fort épais, & dans lefquels on apperçoit également des veines de la même efpéce de mine, dont nous venons de parler, & fur-tout dans le vallat de Combefourde, territoire de

Fondous. Ce quartier pourroit même fournir autant de cette efpéce de mine ou vernis qu'Allene, fi on en entreprenoit l'exploitation.

Lorfqu'on a defcendu les deux tiers de la montagne, les bancs de grais ceffent, & l'on trouve au deffous une roche fchifteufe ou ardoifée, recouverte d'un très-bon terreau, la plûpart planté en châtaigniers; on y voit plufieurs veines ou filons bien caraétérifés, qui annoncent des mines de plomb, & particulièrement près le Village du Cros.

En parcourant ces montagnes, nous avons trouvé dans un ruiffeau, à environ 100 toifes au deffous du Village de Malaval, un très-beau filon de mine de plomb & argent : on y voit le minéral au jour dans plufieurs endroits, & cette mine mériteroit quelqu'attention. Nous avons enfuite dirigé notre courfe du côté de St. Germain de Calberte & du Collet de Dèze. Le fommet des montagnes de ces cantons font la plûpart incultes, & ne produifent que des pâturages; mais les côteaux font bien garnis de châtaigniers, & il y a auffi quelques filons de plomb du côté de St. Hillaire de Lavit; mais outre que ces veines font peu caraétérifées, ractérifées, c'eft qu'il n'y a pas affez de bois , dans le canton , pour les exploiter.

Les environs de St. Germain, qui font très-rapides , font cependant affez bien cultivés; mais ce n'eft que par un travail opiniâtre , & par l'induftrie des habitans , qu'on y voit quelques terres labourables d'un médiocre produit ; & indépendamment des châtaignes , qui font la principale récolte de ce pays , on y trouve quelques mûriers bien entretenus.

En defcendant de cet endroit vers St. Étienne de Valfrancefque , on trouve quelque indice de mine de plomb : tout ce trajet eft couvert de châtaigniers. Les environs de St. Etienne font très-bien tenus : outre les terres labourables , qui ne font pas nombreufes, il y a des vignobles paffables & beaucoup de mûriers.

Un peu plus bas que St. Etienne, le Gardon commence à charrier quelques paillettes d'or, dont nous avons décrit l'origine , dans le premier volume de l'Hiftoire Minéralogique de la Province.

On trouve , à la montagne limitrophe, entre St. Etienne & Mandajor, quelques mines de cuivre, dont l'exploitation ne fauroit avoir lieu, faute de bois. Nous avons

Tome II. Q

également obfervé à la Boiſſonade, paroiſſe de Moiſſac, à une demi lieue de
St. Roman, un filon de mine de cuivre
très-incliné, ſur lequel le Seigneur du
lieu fit faire, il n'y a pas long-tems, une
tentative ; mais outre que ce filon eſt très-
douteux, l'éloignement des bois de toute
eſpéce ne permet pas de le faire exploiter. Il y a, dans cette partie, peu de terres
labourables, quelques vignobles, beaucoup
de châtaigniers, & d'aſſez bonnes plantations de mûriers, de même qu'à Ste. Croix,
où le territoire continue à être de la
même eſpéce.

En remontant du côté de St. Roman
& du Pompidou, on ne trouve que des
châtaigneraies qui font la principale,
pour ne pas dire la ſeule récolte du pays :
il y a quelques mauvaiſes terres labourables & cultivées : au ſommet de ces montagnes, dont les côteaux, la plûpart rapides & eſcarpés, ſont compoſés de roches
ardoiſées ; on voit, au près du Pompidou, quelques veines de Charbon jayet.

En deſcendant au Village de Rouſſes,
nous y avons trouvé un très-beau filon,
qui annonce une mine de plomb & argent, & qu'on pourroit exploiter avec
avantage, parce qu'il y a ici de l'eau en

fuffifance , & qu'on pourroit tirer les bois & charbons néceffaires de la montagne de l'Aigoual , par la route de Cabrillac.

Tous les Villages qui font le long de la rivière des Rouffes , ainfi que ceux qui font du côté de celles de Vebron , font garnis & entourés de très bonnes terres labourables, de prairies & de beaucoup de châtaigniers. A l'égard des hauteurs qui comprennent la camp de l'Hofpitalet, le territoire de Barre, & autres endroits circonvoifins, depuis le Pompidou jufqu'à St. Laurent de Treves, elles forment un pays très-découvert, & confiftent en terres labourables ; quoiqu'elles n'aient que très-peu de fond , elles ne laiffent pas que de produire des grains en abondance.

On trouve , près de l'Hofpitalet , de la mine de fer en grain, dont l'exploitation n'eft pas aujourd'hui praticable, faute de bois & d'eau : on a cependant fondu anciennement ce minéral fur le lieu même.

Les craffes ou fcories de ce minéral , qu'on trouve encore par tas en plufieurs endroits , en font une preuve non équivoque , ce qui conftate encore que ce travail a été exécuté par les Romains ou les Sarrafins. Sur le penchant de la montagne , près de Vebron , le Seigneur du lieu nous a fait voir une veine de charbon jayet , qui fe trouve entre deux roches de grais , mais elle n'a aucune fuite.

Les vallons de Florac , d'Ifpagnac & de Quezac , font très-bien cultivés , les bas-fonds font excellens; & indépendamment des châtaigniers , qui y font très-beaux , il y a quelques vignobles fur les côteaux ; les bas-fonds confiftent , pour la plûpart , en très-belles prairies , & en terres labourables , couvertes d'arbres fruitiers.

Les hauteurs des Cauffes , depuis Florac jufqu'à la Jouante , fur l'étendue de plufieurs lieues , confiftent en terres labourables à bafe calcaire , & en affez beaux pâturages. Lorfque les années font médiocrement pluvieufes, tous ces territoires produifent beaucoup d'excellent froment; mais, en général, ils y font fujets aux féchereffes : les fources y font d'autant plus rares , que les terres y ont très-peu de profondeur , & que les roches calcaires , qui font au deffous, font toutes crévaffées, & reçoivent facilement les eaux pluviales qui pénétrent, au travers de ces bancs,

d'une épaiffeur confidérable , & parviennent à leur pied , où les fources font
très-communes & abondantes , fur les
bords du Tar, de la Jouante & de la
Dourbie, qui coulent au bas de ces montagnes, fur un fonds très-différent.

Nous ferons ici une remarque à cette
occafion ; c'eft que tous ces grands bancs
de roche calcaire , & qui ont quelquefois
une hauteur de trois à quatre cens toifes,
font la plûpart affis fur un fonds vafeux
de nature marneufe , & quelquefois même fur des veines , prefque horifontales,
de charbon de terre , ou autres fubftances bitumineufes, & très-rarement fur un
fonds fablonneux & de roche granite ; ce
qui , joint aux différens coquillages qui
font très-bien confervés dans ces roches ,
ne peut que confirmer le fyftême de M.
de Buffon , aujourd'hui adopté par tous
les Phyficiens Naturaliftes , qui croient
avec raifon, comme nous l'avons déjà obfervé ailleurs , que les roches calcaires
ne font autre chofe que des amas de coquillages plus ou moins pétrifiés. La raifon pour laquelle ces amas fe trouvent
prefque toujours affis fur des fonds vafeux , c'eft que ces poiffons teftacés ne
trouvant pas affez de nourriture fur des

fonds fablonneux , fe portent vers les endroits des mers , où ils trouvent des vafes propres à les faire fubfifter.

Je reviens à ma touruée. Quelques payfans ont commencé d'exploiter une mine de charbon fur le bord de la Jouante , dans la paroiffe de St. Pierre de Tripiés; la veine eft refferrée entre deux roches calcaires. Une partie du Charbon qu'on tire de cette mine eft d'affez bonne qualité; mais la veine n'eft pas des plus abondantes ; & le chemin , pour le tranfport de ces charbons , eft des plus difficiles , attendu qu'il faut le monter à dos , le long de ces roches efcarpées, qui, de part & d'autre de la rivière , font d'une hauteur prodigieufe ; & qu'il faut faire près d'une heure de chemin , le long de ces précipices , pour les avoir fur la hauteur des Cauffes.

On a autrefois fait exploiter une mine de la même efpéce, fur le bord de la rivière du Tar, paroiffe de St. Prejet , & à mi-côte au deffous de St. Roman de Dolan : il paroît que les eaux , dont tout le travail eft rempli, en ont fait abandonner l'exploitation. La partie du Cauffe qui eft entre St. Prejet & St. Pierre de Tripiés , eft très-aride ; mais la partie qui

eſt entre ce dernier endroit & Ste. Enemie, eſt beaucoup meilleur. On trouve
ici quantité de belles forêts de pins ; &
dès qu'on eſt deſcendu de ces hauteurs à
Ste. Enemie, qui eſt ſur le bord du Tar,
dans un vallon fort étroit, on trouve
beaucoup de vignobles & quelques prairies. Le territoire du Cauſſe, qui eſt entre Ste. Enemie & Chanac, eſt à peu près
de la même nature : on voit, ſur-tout
dans ce dernier endroit, d'aſſez belles
prairies ſur le bord du Lot, le ſurplus
conſiſte en terres labourables d'un bon
rapport, & dont la plûpart ſont plus ou
moins marneuſes.

Il en eſt de même de tout le territoire
que l'on trouve en remontant le Lot,
juſqu'à Mende : il y a, entre Barjac &
Mende, à la gauche du chemin, dans un
vallon près la croiſée de Marvejols, un
très-beau filon qui n'a point été travaillé,
& qui annonce une mine de plomb & argent dans un terrain ſchiſteux.

Nous avons enſuite dirigé notre tournée au nord-oueſt de Mende, en paſſant
par Bahours : ici le ſol eſt une roche ar-
doiſée, récouverte d'un très-bon terreau :
il n'y a, dans ces cantons, que des terres labourables qui produiſent de beau

Q 4

feigle, quelques prairies dans les bas-fonds,
& des pâturages, fur les hauteurs, qui font
garnies de quelques bouquets de bois. A
une demi lieue de Bahours, on trouve,
au fond de ce vallon, une mine de plomb
qui rend depuis fept jufqu'à neuf onces
d'argent par quintal de minéral : le filon,
qui eft très-beau & très-bien caractérifé,
traverfe le ruiffeau, & fe prolonge des
deux côtés dans l'intérieur, & le long des
montagnes oppofées qui forment le vallon : il y a une quarantaine d'années que
le fieur Balguerie & Compagnie firent
exploiter cette mine ; mais le peu d'intelligence & le défaut de conduite de
ceux qui en dirigeoient le travail, obligerent les Entrepreneurs d'en abandonner
l'exploitation, après un procès confidérable qu'ils eurent entr'eux. On commença
les travaux de cette mine, par un puits
qu'on dirigea fous la rivière, dont les
bords font très-marécageux dans cette
partie, ce qui donnoit beaucoup d'eau
dans les travaux, & les rendoit tout-à-
la-fois très-difficiles & difpendieux : l'on
peut dire que fi l'on avoit voulu commen-
cer cette exploitation de deffein premé-
dité, pour qu'elle n'eût pas lieu, on n'auroit guere pu s'y prendre autrement : il

est étonnant que personne n'ait conseillé
aux Entrepreneurs de pousser des gale-
ries de chaque côté du ruisseau, c'est-à-
dire, au pied & dans l'intérieur des deux
montagnes opposées, où l'on auroit également trouvé le minéral à l'abri des
eaux, & dont l'exploitation auroit été in-
finiment moins dispendieuse, & auroit
enrichi les Entrepreneurs qui y ont perdu considérablement.

Il y a, dans le même canton, trois
autres filons à peu près de la même espéce, & qu'on pourroit tous exploiter à la
fois: mais comme les bois ont beaucoup
diminué dans ces cantons, & qu'on ne
pourroit y établir une fonderie, sans les
faire renchérir considérablement; que
d'un autre côté le minéral est assez riche
pour supporter les frais d'un transport,
on pourroit établir cette fonderie dans un
endroit abondant en bois, soit en la cons-
truisant à portée des forêts de la Louzere, soit en l'établissant dans la terre
de Peire, où il y a des eaux & des bois
en quantité suffisante.

De Bahours nous nous sommes trans-
portés à Marvejols, après avoir parcouru
les territoires qui se trouvent entre
Chanac, Barjac & Chirac, passant par

Grefes , les Borios & autres.

Tous ces territoires qui confiftent en prairies & en quantité de terres labourables , font fort marneux & produifent abondamment d'excellent froment.

On y trouve quantité d'une efpece de marne grife , fablonneufe , dont on pourroit faire un excellent ufage pour l'engrais des terres qui ne font pas marnées par elles-mêmes.

Au furplus , tous ces cantons n'annoncent aucune indice de minéral , à l'exception de quelque morceau de jayet , qu'on trouve difperfés en différens endroits, dans une efpece de terre marneufe , feuilletée , femblable à celle que nous avons ci-devant décrite , en parlant des environs de Mende.

Il y a à Marvejols, qui eft une des principales Villes du Gévaudan , d'excellentes terres labourables & de fort belles prairies ; on y recueille des fruits de toute efpèce, & il y a quelques vignobles fur les côteaux expofés au midi.

A une lieue de cette Ville , dans le territoire de St. Léger de Peire , on trouve plufieurs fources d'eau cuivreufe, propre à donner du cuivre de cementation. Elles fe trouvent dans un vallon, à demi quart de lieue de St. Léger. Nous n'avons pas été peu furpris d'apprendre que les habitans de ce canton , ont l'imprudence de faire ufage de ces eaux , pour fe purger ; en effet, dès qu'ils en ont bu deux ou trois verres , cette eau leur caufe des vomiffemens violens , qui ne proviennent que du vert-de-gris qui s'y trouve diffous ; & ce qui m'étonne le plus encore , c'eft que plufieurs de ces bonnes gens n'en aient pas été les victimes ; car perfonne n'ignore que le vert-de-gris, pris intérieurement , foit en poufliere , foit délayé dans des li-quides , eft un des poifons les mieux caractérifés : auffi n'avons-nous rien épargné , pour prévenir ces habitans du danger qu'il y a de boire ces eaux , combien leur ufage peut être pernicieux. Ces fources fortent d'un très-gros & beau filon de cuivre , qui mériteroit d'être exploité.

En paffant par Chirac, qui eft fitué dans un fort joli vallon, on y trouve des prairies admirables , quelques terres la-bourables affez bonnes , & les bas des côteaux y font paffablement garnis de châtaigniers. De-là nous avons dirigé notre route du côté de la Canourgue, petite ville située au pied des montagnes des cauffes. Il y a ici quelques vignobles & des terres labourables d'une affez bonne qualité. On y voit auffi quelques prairies, & on y recueille paffablement des fruits de toute efpèce. On y remarque même quelques jolis plants de châtaigniers fur le bord de la rivière du Lot, qui n'en eft pas éloignée.

En montant la montagne, on trouve fur les cauffes paffablement de terres propres à produire du froment; & en parcourant le deffus de ces montagnes jufqu'à St. Roman de Dolan, on rencontre de très-belles forêts de pin, au milieu defquelles on remarque d'excellentes terres labourables très-bien cultivées.

Il y a de la mine de fer en grain fur ce même cauffe, dans la Paroiffe de St. Georges de Levejac, qui eft au milieu de cette vafte plaine, mais dont il ne feroit pas poffible de tirer parti, quoique fitué au milieu des bois, parce que l'eau y manque ainfi que dans toutes les montagnes des cauffes, comme nous l'avons déjà remarqué.

Nous obferverons ici qu'on appelle Cauffe, dans le Gévaudan, toutes les montagnes efcarpées, qui font compofées de roche calcaire, pour les diftinguer des autres montagnes composées de garnites ou de roches ardoisées.

Après avoir parcouru toute la partie des cauſſes de ce canton , nous avons continué nos recherches dans les montagnes qui ſont au nord de Mende , depuis Châtel-nouvel juſques à St. Chely d'Apcher , & même juſques à la Garde , qui eſt ſituée ſur les frontières d'Auvergne. Nous avons , chemin faiſant , parcouru les territoires des Villages du Boujet , Rioutort , d'Auſines , Mazel , Servirete , l'Eſtival , Rimeize & autres. Tous ces territoires , qui ont plus de huit lieües d'étendue , ſont à-peu-près uniformes & de même qualité. Il y a dans tous ces cantons , fort peu de pierres calcaires , qui y ſont même très-rares ; mais le territoire y eſt aſſis ſur un ſol de garnite , & conſiſte principalement en terres labourables , fort ſablonneuſes , & qui , ſi on excepte quelques bas-fonds ou vallons , ſont très-légères , & ne produiſent que du ſeigle ; encore faut-il qu'elles ſoient bien fumées , & qu'on les laiſſe repoſer alternativement d'une année à l'autre. On nous a fait obſerver que depuis quelques années que les troupeaux dépériſſent , les terres de ce canton n'ont plus le même produit qu'elles avoient ci-devant, faute d'engrais, quoique les pâturages y soient fort étendus, & qu'il y ait sur-tout de très-bonnes prairies & bien arrosées, les herbes sans engrais n'y croissent plus aussi abondamment. Il y a d'assez beaux bois de pins, au-dessus du moulin de la Fayette, & une forêt de la même espèce au levant d'Auzines, qu'on appelle le bois de la Grange, ainsi qu'au-dessus du Mazel.

En général, toute la partie qui se trouve située entre les montagnes de la Margueride & celles d'Aubrac, est garnie de bouquets de bois de pin, de distance en distance, qui non-seulement fournissent au besoin des habitans, mais qui forment encore un coup d'œil fort agréable dans tous ces cantons. Il n'y a aucune mine connue dans toute cette partie du Diocèse. Nous y avons cependant rencontré, en nombre d'endroits, des indices de mine de plomb, dont nous estimons le minéral fort profond & de difficile extraction.

Il y au lieu du Mazel, paroisse de Laubier, une source d'eau acidule, dont on estime fort les propriétés. Ces eaux font fort femblables à celles de Ruffan en Lorraine, dont l'ufage eft très-répondu. Après avoir paffé la rivière du Trueire, nous nous fommes portés dans la terre de St. Alban : on voit ici quantité d'indices de marnes, qui y feroient d'autant plus avantageufes, que toutes les terres de ces environs font fablonneufes & affifes fur un fol de granites. Il y a cependant dans les bas-fonds, quelques terres qui produifent du froment, parce qu'elles font affifes fur un fol calcaire ; on y remarque de très-belles prairies, & furtout beaucoup de bois dans les environs, qui nous ont paru très-bien foignés : de-là nous avons paffé par le Village du Boujet, dépendant de la terre de St. Alban. Cet endroit eft renommé par une efpèce de grès rouge marbré qu'on y trouve, & qui fait un très-bon effet dans les bâtimens. Cette pierre, dans fa carriere, eft fort tendre, & fe coupe très-proprement ; mais elle fe durcit extrêmement auffi-tôt qu'on l'expofe à l'air. Tout le château de St. Alban en eft bâti.

Le Boujet n'eft pas le feul endroit où l'on trouve cette efpéce de pierre : il y en a dans nombre de Villages circonvoifins ; on en trouveroit même entre le Malzieu & St. Leger du Malzieu, fi on fe donnoit la peine d'y en chercher. On voit fur le chemin , près le Village de la Gardette , une très-groffe veine qui annonce de la mine de plomb , & qui pourroit être exploitée avec avantage.

La montagne qui eft au levant, entre ce Village & le Malzieu , annonce plufieurs indices du même minéral.

La qualité du territoire, depuis cet endroit jufqu'au Malzieu , eft à peu près la même que celle de celui de St. Alban.

Au deffous du Village de Verdefun, Annexe du Malzieu, & à un quart de lieue de diftance de cette Ville , on trouve fur le chemin qui conduit à St. Léger, une quantité d'excellentes marnes très-propres aux engrais des terres fablonneufes & légères , qui ne font que trop communes dans tous ces cantons. Le vallon qui eft entre le Malzieu & St. Léger, confifte en excellentes terres labourables , & d'autant plus fertiles , qu'elles font la plûpart plus ou moins marneufes. On y voit auffi de fort belles prairies, mais les côteaux & les terroirs élevés ne font que des terres légeres & fort fablonneufes.

On

On trouve encore de fort belle marne près les Garrigues, entre St. Léger du Malzieu & Juliange. Toute cette partie, ainfi que le champ de Juliange & de Chauliac, confiftent en terres labourables de bonne qualité & en quelques bonnes prairies. Nous avons vu dans ces cantons, quantité de laves difperfées dans les terres, qui ne laiffent pas douter qu'il n'y ait eu un ancien volcan, mais nous n'avons pu découvrir l'endroit de la bouche : nous avons même obfervé près de ce Village quelques marques de mine de plomb.

De-là nous avons dirigé nos recherches du côté de la Garde d'Apches, en paffant par les Villages de Nouzeroles & d'Albaret, Ste. Marie; tous ces territoires confiftent en terres labourables fort médiocres; il y a quelques prairies, & beaucoup de bois fur la rivière de Trueire.

On rencontre dans tous ces cantons quantité d'indices de mine de plomb, entr'autres, un filon confidérable auprès du château de la Garde d'Apches, qui mériteroit d'autant plus d'être exploitée, qu'il y a des eaux, & beaucoup de bois dans tout le pays.

Après avoir repaffé la rivière de

Trueire, nous avons parcouru les frontières du Gévaudan & de l'Auvergne,
en paſſant par Arcomie & le Bacon,
dont le ſol continue d'être ſablonneux,
mêlé de beaucoup de granite. On ne
voit dans tous ces cantons que des terres
labourables très-légères, quelques prés,
beaucoup de bois. Nous nous ſommes
enſuite tranſportés du côté d'Arſine
d'Apches, en paſſant par Albaret-le-
Comtat ; le territoire devient ici un
peu meilleur que dans les endroits pré-
cédens ; mais en approchant du côté du
Tournel & de la Fage St. Jullien, les
terres reprennent leur qualité ſablonneuſe, excepté néanmoins les bas-fonds
qui nous ont paru de très-bonne qualité.
On ne remarque aucun indice de minéral quelconque dans tous les endroits que
nous venons de nommer.

De-là nous avons parcouru les terres
d'Aumont, de la Chaſe Ste. Colombe,
de St. Sauveur & du Buiſſon. Nous
n'avons vu dans tous ces cantons que des
terres légères & ſablonneuſes, ſembla-
bles aux précédentes, & pas un ſeul indice de mine d'aucune eſpèce.

Après avoir ainſi parcouru toutes ces
hauteurs, nous nous ſommes tranſportés

dans la partie du Diocèſe qui eſt entre
Mende & Langogne. Il y a dans tout
ce territoire , beaucoup de terres labourables , dont la plus grande partie eſt
d'un très-modique rapport : on y voit
quelques prairies aſſez bien arroſées ; &
l'on trouve du côté de Badaroux , & ſur-
tout dans les environs de Langogne ,
quelques bouquets d'aſſez beau bois.

On nous a fait voir à Pelouze , près
la Rouvière , quelques endroits d'où l'on
a tiré de la mine de plomb propre au
verniſſage de la poterie. Ce minéral ſe
trouve la plûpart dans une roche calcaire ;
mais outre qu'il n'y a aucune veine ca-
ractériſée ni ſuivie , c'eſt qu'il y eſt en ſi
petite quantité , qu'il ne mérite aucune
attention. Il en eſt de même de la mine
de Groſviala , dans la paroiſſe de Chaſſe-
rades , que l'on a exploitée autrefois : les
veines ſont ici à la vérité un peu mieux
caractériſées , & ne reſſemblent pas mal
à celles d'Allene.

Les terres , dans ces parties , ſont d'une
très-médiocre qualité : il n'y a ici que
quelques terres labourables , quelques
prairies , & le ſurplus eſt en pâturages ,
ce qui continue juſqu'à l'Eſtampe : on y
recueille quelque peu de froment ; le

furplus eft très-fablonneux, & ne produit que des feigles & des avoines. Les environs de Langogne font affez bons, & il y a même d'affez belles prairies.

On avoit cru voir du charbon de terre à un quart de lieue de cette Ville, à la petite montagne de Bonjour : mais, ayant été conduit dans cet endroit, nous avons trouvé que ces prétendus charbons n'étoient qu'un amas confidérable de laves, provenant d'un volcan qu'il y a eu dans cet endroit. Cette montagne, au fommet de laquelle étoit la bouche du volcan, eft cultivée d'un côté, & couverte de bois de l'autre. Cette bouche, qu'on reconnoît encore très-diftinctement au fommet de la montagne, prouve, par fa grande étendue, que ce volcan a dû être confidérable.

De-là nous fommes revenus vers l'Abbaye de Mercoire : il y a ici une affez grande forêt qui confifte en hêtres & pins ; les extrêmités en font fort dégradées par les habitans, qui les réduifent en charbon. Tous ces cantons ne font au furplus que des terres fablonneufes. L'Abbaye de Mercoire eft fituée dans un fond paffablement bien cultivé.

De-là nous nous fommes repliés vers

St. Jean Chazorne , en paſſant par Pre-
vancheres , dont les bas-fonds conſiſtent
principalement en bonnes prairies & en
quelques terres labourables ſur un fonds
ſchiſteux.

On ne rencontre du côté de St. Jean
Chazorne , que des roches ſchiſteuſes &
eſcarpées: il y a ici quelques veines de
mine de plomb ; mais le terrain y eſt tellement rapide , & de ſi difficile accès ,
que l'exploitation n'en pourroit être que
très-pénible & diſpendieuſe.

Le territoire de la Garde-Guerin , qui
eſt de l'autre côté de la rivière de Chaſſe-
zac eſt meilleur , & conſiſte en terres médiocrement ſablonneuſes , qui ſont aſſez
bien cultivées. Il y a ici une très-bonne mine de plomb , ſur laquelle on a fait quelques travaux , qui ont été abandonnés par
les mêmes raiſons que celle de Villefort ,
dont nous avons parlé ailleurs.

La montagne de la Serre , qui s'é-
tend depuis ces cantons juſques vers St.
Jean de Blaymard , ſur la longueur d'environ quatre lieues , fournit d'aſſez bons
pâturages à nombre de troupeaux de
moutons qui y paiſſent pendant l'été.

Le territoire , depuis la Garde-Guerin
juſqu'à Bayard , conſiſte en roche granite

R 3

recouverte de terres maigres & fablonneufes, & par conféquent de très-peu de produit. On remarque dans cette partie, un
affez bon nombre de châtaigniers. Il y a
dans les bas-fonds, quelques bonnes prairies, & l'on peut dire que les foins &
les châtaignes forment la principale &
prefque la feule récolte de ce pays.

Il y a à Bayard plufieurs mines de
plomb, la plûpart pyriteufes : celles
qu'on a exploitées à peu de diftance du
Village, ont été abandonnées à caufe de
la trop grande abondance d'eau : d'ailleurs
le minéral, qui y eft par rognons, n'eft
pas affez riche, pour foutenir la dépenfe
de l'exploitation.

On trouve fur la pente de la montagne
qui donne du côté de la rivière d'Altier,
vis-à-vis de la montagne de St. Loup,
une très-bonne mine de plomb qui n'a
pas été touchée, dont le minéral eft
de meilleure qualité que le précédent,
& qu'on pourroit exploiter avec avantage.

En remontant la rivière d'Altier, on
trouve dans le territoire de Caftanet &
du Montat, plufieurs filons qui annoncent des mines de plomb & de cuivre,
auxquels perfonne n'a encore touché;

& en continuant de remonter la même rivière jufqu'au Château du Champ, on trouve, près de ce dernier endroit, une veine de mine de plomb, & plufieurs indices d'autres minéraux.

Les vallons d'Altier & du Champ font fort étroits : on y voit d'affez bonnes prairies le long de la rivière : les côteaux y font garnis de châtaigniers, fur-tout du côté de Combret.

Ce pays eft fitué au pied de la Louze-re, qui le borde du midi, & au pied de la Serre qu'il a du côté du nord, & dont les côteaux font très-rapides.

A peu de diftance du Château du Champ, on trouve le Village du Ber-gounhoux, dont les environs confiftent en très-bonnes terres labourables, fur un fonds calcaire : il y a ici plufieurs veines de plomb, dont quelques-unes ont été travaillées par les payfans du lieu, qui en vendoient le minéral aux Potiers. En remontant de cet endroit vers Cu-bières, on ne rencontre, pour ainfi dire, que des roches fchifteufes : il y a quelques bas-fonds garnis de bonnes prairies, & quelques terres labourables à mi-côte.

Nous avons trouvé au lieu de Bourbon, quantité de veines de mine de plomb,

récouvertes d'une terre noire, toute femblable à celles qui couvrent les mines
de charbon de terre.

Nous crûmes d'abord que cette terre
cachoit quelques veines de ce foffile,
qui, dans cet endroit même, étoit le
principal objet de nos recherches : mais y
ayant fait fonder en différens endroits,
nous y avons par-tout trouvé du plomb,
au lieu de charbon.

Le Diocèfe de Mende, qui, comme
nous avons dit, eft un des plus vaftes de
la province, recueille beaucoup de foins,
ainfi que des grains de toute efpéce : il
y a très-peu de vignobles, mais d'affez
beaux fruits dans tous les bas-fonds. Les
pâturages y font immenfes & excellens.
Nous y avons remarqué que le Peuple
s'y occupe beaucoup à défricher des terres, qui fouvent ne peuvent l'être fans
danger. Il eft conftant que les défrichemens ne peuvent être que très-avanta-
geux, dans des pays qui ont des bois en
fuffifance, & dont les terres ne font pas
affez rapides, pour être dégradées par les
ravins ; mais par-tout où l'on fe privera
totalement de la reffource des bois de
chauffage de première néceffité, & fur-
tout dans des endroits où les moindres

averſes peuvent enlever les terres défri-
chées, les défrichemens, dans ces deux
cas, ſont les véritables moyens de rendre
les pays inhabitables. Nous en avons vu,
dans notre tournée du Gévaudan, des
exemples frappans : nous y avons vu
pluſieurs endroits où les ravins & les
orages trop fréquens, ſur-tout cette année, (1775) n'ont laiſſé que les roches
nues, & cela par-tout où l'on a défriché
les côteaux rapides dont les gazons formoient de très-bons pâturages , & où
l'on a déraciné les bois pour en mettre le ſol en terres labourables. Il y
a des Paroiſſes , dont le climat eſt
très-froid , où cet abus a été por-
té au point qu'on y eſt maintenant
réduit à n'y brûler que de la fougere &
des chaumes : tels ſont les Villages de
l'Aubere, St. Sauveur, Geneſtous, Lapa-
noule , Château-Neuf, le Bor, St. Martin, & autres, qui tous ſe ſont privés des
bois néceſſaires à leur exiſtence , pour
défricher des terres dont le produit paye
à peine le travail de ces bonnes gens.

Il en eſt d'autres , tels qu'aux environs
de Cubières, qui ont perdu leur tems &
leur travail pour défricher des côteaux
rapides qui formoient de bons pâturages,

& dont les terres enfemencées ont été enlevées par un feul orage.

Dans des cas pareils, il eft de la plus grande importance que les Prépofés de chaque Diocèfe de la Province, veillent à la reforme de ces abus.

Il eft fans doute de la prudence & de l'intérêt de l'État, d'encourager la culture des terres, & de favorifer les défrichemens; mais ces faveurs ne doivent s'étendre que fur les endroits qui peuvent être utilement défrichés; car tout défrichement qui tend à ruiner un pays, doit être févérement défendu.

On peut dire d'ailleurs, en général, que les pâturages, & conféquemment les beftiaux, forment la principale richeffe du Gévaudan. Il y a en outre très-peu de Villages un peu confidérables, où le Peuple ne s'occupe à filature des laines & à la fabrique d'une quantité de ferges que ce pays fournit: on y a établi la judicieufe & intéreffante coutume, de donner à chaque foire qui fe tient dans le pays, une gratification modique, mais honorable, au particulier qui y apporte la plus belle pièce de ferge; & voici comment cela fe pratique.

Après que les Prépofés ont fait la vifite

fur les différentes pièces de ferge qui fe trouvent fur la foire, on examine celle qui paroît la plus belle & la mieux conditionnée, & l'on donne au particulier qui l'a apportée, une cocarde, avec une modique fomme d'argent, proportionnée à la beauté de la pièce. Cette dépenfe, qui ne tire pas à conféquence, forme, parmi ces Fabriquans, qui font tous des Particuliers répandus dans les Villages, & qui travaillent ces pièces de leurs propres mains, une émulation qui ne contribue pas peu au foutien de la bonne qualité de ces étoffes, parce qu'il n'y en a pas un feul d'eux, qui ne foit jaloux d'obtenir la cocarde de la foire, qui les touche bien plus que l'argent qu'on leur donne. C'eft ainfi qu'on eft parvenu en Alface, d'y avoir les plus beaux légumes de l'Europe, par la feule attention qu'a eu le Magiftrat de Strasbourg, de donner une très-petite gratification à celui qui apporte la plus belle rave ou le plus beau chou, au marché de cette Ville.

Fin du fecond Volume.

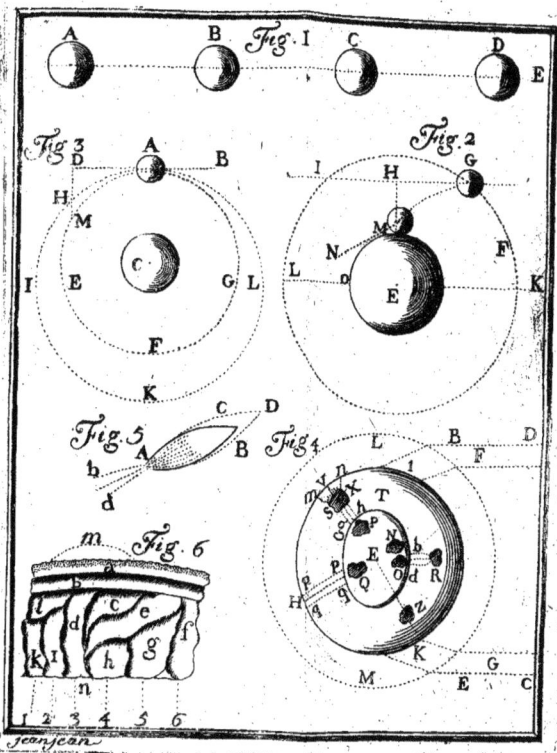

Fig. 1

Fig. 3

Fig. 2

Fig. 5

Fig. 4

Fig. 6

Jeanjean

PRIVILÉGE DU ROI.

LOUIS, PAR LA GRACE DE DIEU, ROI DE FRANCE ET DE NAVARRE : A nos amés & féaux Confeillers, les Gens tenant nos Cours de Parlement, Maîtres des Requêtes ordinaires de notre Hôtel, Grand-Conseil, Prévôt de Paris, Baillifs, Sénéchaux, leurs Lieutenans Civils , & autres nos Justiciers qu'il appartiendra , SALUT. Notre bien amée la Société Royale des Sciences de Montpellier , Nous a fait expofer qu'elle auroit befoin de nos Lettres de Privilége , pour la réimpreffion de fes Ouvrages. A CES CAUSES , voulant favorablement traiter notredite Société, Nous lui avons permis & permettons par ces Préfentes , de faire réimprimer par tel Imprimeur qu'elle voudra choifir, tous les Ouvrages qu'elle voudra faire imprimer en fon nom, en tels volumes , forme , marge , caracteres , conjointement ou féparément , & autant de fois que bon lui femblera , & de les faire vendre & débiter par tout notre Royaume , pendant le tems de vingt années confécutives , à compter du jour de la date des Préfentes , fans toutefois qu'à l'occafion des Ouvrages ci-deffus fpécifiés, il puiffe en être réimprimés d'autres qui ne foient pas de notredite Société. *Faifons défenfes à tous Imprimeurs , Libraires & autres perfonnes de quelque qualité & conditions qu'elles foient , d'en introduire de réimpreffion étrangere dans aucun lieu de notre obeiffance; comme auffi de réimprimer ou faire réimprimer, vendre , faire vendre , débiter , ni contrefaire lefdits Ouvrages, ni d'en faire aucuns extraits, fous quelque prétexte que ce puiffe étre, fans la permiffion expreffe & par écrit de ladite Société ou de ceux qui auront droit d'elle, à peine de confifcation des exemplaires contrefaits , de trois mille livres d'amende contre chacun des contrevenans ;* dont un tiers à Nous, un tiers à l'Hôtel-Dieu de Paris, & l'autre tiers à ladite Société ou à ceux qui auront droit d'elle , à peine de tous dépens, dommages & intérêts, à la charge que ces préfentes feront enregiftrées tout au long fur le Regiftre de la Communauté des Imprimeurs & Libraires de Paris, dans trois mois de la date d'icelles ; que la réimpreffion defdits Ouvrages fera faite dans notre Royaume , & non ailleurs , en bon papier , & beaux

caractéres, conformément aux Réglemens de la Librai-
rie ; qu'avant de les expofer en vente, les Manufcrits
& Imprimés qui auront fervi de copie à la réimpreffion defdits Ouvrages, feront remis en mains de notre très-cher & féal Chevalier, Chancelier de France,
le Sieur DE LAMOIGNON, & qu'il en fera enfuite
remis deux exemplaires de chacun dans notre Biblio-
théque publique, un dans celle de notre Château
du Louvre, & un dans celle de notredit très-cher
& féal Chevalier Chancelier de France, le Sieur DE
LAMOIGNON, le tout à peine de nullité des Préfentes;
du contenu defquelles vous mandons & enjoignons de
faire jouir ladite Société, ou fes ayant caufe, pleine-
ment & paifiblement, fans fouffrir qu'il leur foit fait
aucun trouble ou empêchement. Voulons que la copie
des Préfentes, qui fera imprimée tout au long au
commencement ou à la fin defdits Ouvrages, foit tenue
pour dûment fignifiée, & qu'aux copies collationnées par
l'un de nos amés & féaux Confeillers-Secrétaires, foi
foit ajoutée comme à l'Original. Commandons au premier notre Huiffier ou Sergent fur ce requis, de faire
pour l'exécution d'icelle tous actes requis & néceffaires, fans demander autre permiffion, & nonobftant
clameur de Haro, Chartre Normande & Lettres à ce
contraires. CAR TEL EST NOTRE PLAISIR. DONNÉ
à Verfailles le vingt-neuvieme jour du mois d'Août,
l'an de grace mil fept cens foixante, & de notre règne le quarante-cinquieme. Par le Roi en fon Confeil.
LE BEGUE, *Signé*.

Regiftré fur le Regiftre XV. de la Chambre Royale
& Syndicale des Libraires & Imprimeurs de Paris,
Nᵒ. 112. fol. 113. conformément au Réglement de 1723.
qui fait défenfes, Art. 41, à toutes perfonnes de quel-
ques qualités & conditions qu'elles foient, autres que
les Libraires & Imprimeurs, de vendre, débiter, fai-
re afficher aucuns Livres, pour les vendre en leurs
noms, foit qu'ils s'en difent les auteurs ou autrement,
& à la charge de fournir à la fufdite Chambre neuf
Exemplaires prefcrits par l'Art. 108. du même Ré-
glement. A Paris, ce 15 Octobre 1760.
VINCENT, Adjoint. *Signé*.

Collationné par Nous, Écuyer, Confeiller-Secrétaire
du Roi, Maifon, Couronne de France & de fes Finances, Contrôleur en la Chancelerie, près la Cour
des Comptes Aides & Finances de Montpellier.
SOEFVE.

EXTRAIT DES REGISTRES

De la Société Royale des Sciences.

Du premier Août 1776.

M.o DE GENSSANE ayant remis à la Société Royale, un Ouvrage qui a pour titre, *Hiſtoire Naturelle de la Province de Languedoc*, *Partie Minéralogique & Géoponique*, imprimé par Ordre des Etats de cette Province, la Compagnie, après avoir examiné cet Ouvrage, a conſenti qu'il paroiſſe ſous ſon Privilège : en foi de quoi j'ai ſigné le préſent Certificat.

A Montpellier, ce premier Août mil ſept cent ſoixante-ſeize.

DE RATTE, Secrétaire Perpétuel de la S. R. des Sciences.

www.ingramcontent.com/pod-product-compliance
Lightning Source LLC
Chambersburg PA
CBHW032328210326
41518CB00041B/1673